실 버 스 푼

클래식

;

이탈리아인처럼 요리하기

이탈리아인처럼 요리하기

『실버 스푼』의 기원

우리의 『실버 스푼』

『실버 스푼』의 이야기는 세계 2차 대전 직후 시작된다. 출판사 도무스는 전쟁이 끝나고 생활 환경이 나아졌으니 다시 이탈리아인이 모여 앉는 즐거움을 누릴 수 있으리라 확신했다. 그렇게 되면 물론 이야기를 주고받고 생각도 나누지만, 무엇보다 맛있는 음식을 함께 즐길 수 있을 거라 보았다. 힘든 해를 여럿 넘긴 뒤 이탈리아인은 식탁의 즐거움을 다시 찾았고, 그제야 이탈리아 요리 세계의 정수만을 집대성할 책을 생각해 낼 수 있었다.

그래서 1950년, 건축가이자 디자이너 지오 폰티가 이끌며 같은 제호의 잡지를 내는 출판사 에디토리알레 도무스가 『일 쿠키아이오 다르젠토(*Il Cucchaio d'Argento*)』를 출간했다. 『일 쿠키아이오 다르젠토』(『실버 스푼』)는 흠잡을 데 없는 글솜씨로 쓴, 실패하지 않는 몇백 점의 레시피와 더불어 주방 관리, 식탁 세팅, 최선의 재료 고르는 방법 등을 함께 담았다. 『실버 스푼』은 발간 즉시 성공을 거두어 몇 달 만에 50만 부가 팔렸으며 같은 해에 중쇄를 찍었다. 이후 에디토리알레 도무스는 10회의 개정판을 내며 새로운 재료와 조리 시간, 조리 기술 등을 반영하는 한편 이탈리아 요리의 섬세함을 익힐 수 있는 정보를 업데이트해 왔다.

이탈리아와 전 세계에서 각각 2백만 부 이상이 팔린 『실버 스푼』은 열 종류 이상의 언어로 번역되어 가장 많이 팔리고 또 유명하면서도 최고의 권위를 자랑하는 이탈리아 요리책이다.

2005년 출판사 파이돈이 출간한 『실버 스푼』 영어판의 초판은 바로 성공을 거두었다. 2011년에 낸 개정판은 오늘날까지 베스트셀러이다. 하지만 『실버 스푼』은 단순한 책이 아니다. 한 가지의 주제나 지역에 초점을 맞춘 요리책을 별도로 내는 출판 프로그램이기도 하다.

『실버 스푼 클래식』은 이탈리아 전역에서 가장 유명하면서 고전인 레시피를 엄선해, 요리 자체는 물론 전통의 담음새를 반영한 사진과 함께 수록했다. 각 레시피에는 요리의 기원은 물론 완벽하게 만들어 낼 수 있는 별도의 방법, 응용법 등을 짧은 글로 정리해 덧붙였다. 이탈리아인이 요리에 창조력을 발휘하는 한편, 레시피를 따라야 하는 철저한 계획보다 영감을 얻는 자료로 쓰는 경향을 반영한 결과이다.

꼼꼼함의 예술

요리 배우기 자체는 그리 어렵지 않다. 다만 레시피를 꼼꼼하게 읽은 뒤 시간과 주의를 기울여 따라해야 성공할 수 있다. 무엇보다 꼼꼼함이 가장 중요하다. 지루하게 들리겠지만 꼼꼼하게 따라하면 언제나 성공할 수 있는 요리의 기본 규칙 몇 가지를 소개한다.

1.
요리를 시작하기 전에 레시피를 꼼꼼히 읽어 보자. 특히 처음 시도하는 요리라면 레시피를 더더욱 잘 읽어 봐야 한다. 그래야 자신의 조리 기술과 레시피의 난이도 사이에서 균형을 잡을 수 있다.

2.
조리 및 준비 시간을 확인하고 요리를 위해 그만큼의 시간을 낼 수 있는지 살핀다.

3.
이탈리아에서는 매일 장을 보고(아니면 적어도 일주일에 두세 번) 그날의 끼니에 필요한 식재료만 산다. 그래야 가장 신선한 식재료를 살 수 있는 한편 낭비하지도 않는다.

4.
지혜롭게 장을 보아야 차분하게 요리할 수 있다. 일단 냉장고에 늘 쓰는 재료를 갖춰 두어야 각 끼니에 필요한 다른 재료를 신선할 때 조금씩만 사서 쓸 수 있다. 이탈리아에서는 언제나 냉장고에 신선한 우유, 버터, 달걀, 그리고 치즈를 채워 둔다. 식재료의 품질과 신선함이 맛있는 끼니의 바탕임을 기억하자.

5.
소스, 육수, 기성품 페이스트리 반죽을 냉동실에 갖춰 놓으면 요리가 매우 편해진다. 한 번에 많이 만들어 소분해 냉동 보관했다가 해동해서 쓴다.

6.
찬장에 언제나 여러 종류의 파스타 건면, 쌀, 밀가루, 기름(올리브기름과 식용유), 설탕을 갖춰 둔다. 이탈리아에서는 보름에 한 번씩 찬장을 보충해 유효기간이 지나기 전에 식재료를 다 쓴다.

7.
레시피에 필요한 재료를 작업대에 한꺼번에 꺼내 놓고 요리를 시작하고, 쓴 다음에는 치운다. 그래야 공간이 잘 정돈돼 효율적으로 요리할 수 있다.

8.
레스토랑에서 하는 미장 플라스(mise en place)를 따르는 것도 좋다. 그래봐야 요리에 쓸 재료 전부를 미리 손질하고 썰어 준비하는 일이다. 식재료를 쓰기 전에 손질하면 요리에 드는 시간을 줄일 수 있을 뿐더러 결과물도 더 좋아진다.

9.
요리하기 전에 레시피의 전체 과정을 머릿속으로 한 번 그려 본 뒤 시작하면 진행이 훨씬 매끄러워지고 시간도 절약할 수 있다.

10.
간을 서서히 맞춰 나갈 수 있도록 소금과 후추를 가까이에 두고 한 번에 조금씩만 쓴다. 이탈리아에는 "레골라레 살레 페페(regolare sale pepe)", 즉 "소금과 후추를 조절하라."라는 말이 있다.

11.
쓰레기와 식재료 쪼가리가 나오는 대로 버리는 등, 요리하면서 끊임없이 작업대를 정돈하라.

12.
요리에 맞는 도구와 장비를 쓰는 게 중요하지만 너무 집착하지는 않는다. 예를 들어 요리를 하겠다고 백 가지의 칼을 갖출 필요는 없다. 크기와 모양에 따라 너덧 점만 갖춰도 칼 때문에 요리를 못할 일은 없을 것이다.

-

요리할 때의 마음가짐

-

감각이 요리의 성패를 좌우한다. 서두르거나 레시피의 단계를 건너뛰려 하지 말고, 인내심을 가지고 한 단계씩 따라간다. 특히 처음 만드는 요리라면 더더욱 레시피를 잘 따라야 한다. 이탈리아 요리는 그다지 복잡하지 않지만 자신의 솜씨를 너무 믿지 말자. 간단한 요리부터 선택해 숙달한 다음 점점 난이도를 높이면 솜씨와 자신감이 늘 것이다.

-

상상력으로 요리하기

-

레시피를 잘 따라야 하지만 본능도 무시할 수 없다. 레시피를 완전히 익혔다면 재료와 양념, 허브, 향신료, 더 나아가 조리 시간까지 바꿔 가며 취향과 경험을 따라 요리해 본다.

-

조리법

-

열로 조리하는 삶기, 스튜, 튀김, 브로일링, 그릴 구이, 찜 등은 날로 먹으면 맛이 없을 수도 있는 식재료를 탈바꿈시켜 준다. 식재료나 요리, 레시피에 따라 더 잘 어울리는 조리법이 따로 있다.

삶기
물이나 육수(영양분이 희석되지 않도록 많은 양을 쓰지 않는다.)에 식재료를 삶으면 요리에 쓰는 지방의 양을 조절할 수 있으며 허브와 향신료로 맛을 낼 수 있다.

조림과 스튜
조림과 스튜는 아주 약한 불에 오랫동안 음식을 익히는 조리법이다. 식재료에서 빠져나온 비타민과 미네랄이 국물에 보존되니 이를 소스나 그레이비로 곁들여 먹는다.

브로일링
브로일링이나 그릴 구이에는 별도의 지방이 필요하지 않지만 머금은 열을 잃지 않는 좋은 팬을 써야 한다.

튀김
튀김의 이상적인 온도는 170~180℃이다. 식재료는 기름에 완전히 잠겨야 하고, 레시피에 따라 엑스트라 버진이나 일반 올리브기름 또는 식용유를 쓴다. 기름이 적절히 달궈졌을 때 바로 넣을 수 있도록 식재료는 미리 준비한다. 그래야 튀김옷이 껍데기를 형성해 기름이 스며드는 것을 막는 한편 재료를 빨리 익힐 수 있다.

찜
찜은 식재료를 물에 담그지 않고 증기만을 써서 익히는 조리법이다. 따라서 찜팬이나 바구니, 아니면 체처럼 아래에서 올라오는 수증기가 스며들 수 있는 도구가 필요하다. 찜은 끓는 물에 재료의 맛이 씻겨 나가지 않으니 간을 세게 할 필요가 없다.

꾸러미 구이
꾸러미 구이(알 카르토치오, 앙 파피요트)는 고기, 생선, 채소, 더 나아가 과일을 말 그대로 꾸러미에 싸서 구워 익히는 조리법이다. 식재료에 간을 아주 조금만 하고 유산지나 은박지 꾸러미에 허브와 함께 싸서 여민 뒤 오븐에 넣어 익힌다. 지방을 더할 필요가 없을 뿐만 아니라 재료 자체에서 배어 나오는 수분에 익히므로 가벼우면서도 맛있다.

소금 껍데기 씌워 굽기
고기와 생선에 소금 껍데기를 씌워 구울 수 있다. 팬에 바닷소금을 한 켜 깔고 고기나 채소를 올린 뒤 한 켜를 더 올려 완전히 덮어 준다. 조리가 끝나야 소금 껍데기를 깰 수 있으므로 중간에 재료가 익은 정도를 확인할 수 없다. 따라서 레시피의 시간을 정확히 지킨다. 꾸러미 구이와 마찬가지로 재료가 자체의 수분에 의해 익으므로 지방이나 양념을 더할 필요가 없다. 조리가 끝나면 음식의 맛을 망치지 않도록 껍데기와 부스러져 나온 소금 알갱이를 말끔히 치워 버린다.

전체 메뉴에 따라 각 요리의 성패가 좌우되므로 그저 레시피만 따라 만든다고 끝이 아니다.

메뉴는 각 요리의 잠재력을 최대한 발휘할 수 있도록 균형을 잘 맞춰 짜야 한다. 이탈리아의 전통 식사는 다섯 가지 코스로 이루어진다. 안티 파스토가 가장 먼저 나오고 파스타나 쌀, 수프를 내는 첫 번째 코스(프리모 피아토), 고기나 생선, 달걀로 만든 주요리에 채소(콘토르노)를 곁들이는 두 번째 코스(세콘도), 과일, 그리고 마무리하는 디저트(돌체)의 순서이다. 요즘은 크리스마스나 매해 마지막 날, 부활절처럼 격식을 차리는 식사에서나 안티파스토를 낸다. 그 외의 경우 안티파스토가 첫 번째 코스의 자리를 차지하는 경우가 점점 더 늘고 있으며, 아예 양을 늘려 주요리로 먹기도 한다.

각 코스를 이루는 요리의 강렬함이나 진함, 푸짐함 등의 균형을 잘 맞춰야 한다. 진한 주요리를 낸다면 다른 코스는 좀 더 가벼운 요리로 균형을 맞춘다. 메뉴가 조화를 이루려면 같은 재료를 다른 코스에 되풀이 하지 않는 한편, 다른 분위기의 요리 또한 너무 많이 섞지 않는다. 예를 들어 첫 번째 코스로 질박한 요리를 내고 두 번째로 복잡한 주요리를 내면 안 된다. 또한 요즘은 단품(피아토 유니코)을 내는 경향도 흔해졌으니, 한 가지의 주요리에 채소를 날 것으로 혹은 쪄서 간단히 곁들이고 마무리로 과일이나 디저트를 내도 좋다. 치즈 코스는 전통을 따르자면 주요리와 디저트 사이에 낸다.

이탈리아인은 격식을 차리지 않는 식사나 일상의 끼니를 위해서도 식탁을 신경 써서 차릴 만큼 음식 문화에 큰 자부심을 품고 있다. 음식의 분위기에 따라 우아하거나 질박한 분위기로 통일한 접시, 유리잔, 나이프와 포크 등을 낸다. 많은 이탈리아의 가정에서는 특별한 경우를 위한 접시, 유리잔, 식탁보 등을 온전한 세트로 갖춰 대대로 물려주기도 한다. 과거에는 일상의 끼니에도 식탁보를 반드시 깔아야 한다고 여겼지만 요즘은 개인용 매트를 깔아도 괜찮다. 하지만 특별한 경우에는 언제나 아름답고, 여건이 허락한다면 수까지 놓은 식탁보를 깔아 식사의 격을 높인다.

식탁을 차릴 때에는 정찬 접시를 올리고 왼쪽에 포크, 오른쪽에 나이프를 놓는다. 격식을 덜 차리는 경우라면 포크와 나이프 모두 접시의 한쪽 옆에 몰아 놓을 수 있다. 심지어 이런 경우라도 와인잔과 물잔, 그리고 식사 도중 다른 와인을 낼 때 또 다른 잔이 필요하므로 1인당 최소 세 점의 유리잔이 필요할 수 있다.

일반적으로 음식은 접시에 담긴 채로 식탁에 내야 하지만 좀 더 소박한 식사라면 요리를 한 솥이나 팬을 그대로 가져올 수도 있다. 캐서롤(서양식 찜 냄비)이나 더치 오븐, 테라코타 접시 등이 대표적인 예이다. 파스타나 쌀, 수프는 대개 큰 대접에 옮겨 담아 식탁에 낸다. 디저트를 준비했다면 개인 그릇 위에 작은 숟가락을 얹은 채로 정찬 접시에 올린다. 마지막으로 빵 바구니, 소금과 후추, 유리병(물론 기름을 살 때 담긴 병이 아니다.)에 담긴 올리브기름, 갓 갈아 낸 파르미지아노 치즈가 담긴 대접을 올리면 식탁 차리기가 끝난다.

만약 단품으로 주요리만 먹더라도 파스타 접시를 식탁에 그냥 올리지 않고 정찬 접시를 깔아 준다. 나이프와 포크도 마찬가지여서, 설사 쓰지 않는다고 하더라도 식탁의 자기 자리에 반드시 둘 다 올려 준다. 접시를 비롯한 집기는 음식을 돋보이게 해 주는 역할을 맡으므로, 이탈리아에서는 전체가 흰색에 테두리에만 간단하게 색을 두른 접시를 쓰는 게 전통이다. 그리고 안티파스토부터 디저트까지 집기를 섞지 않고 같은 디자인의 그릇을 식사 전체에 쓴다. 마지막으로 손님들에게 다른 디자인의 나이프나 포크, 접시를 섞어 내지 않는다.

조리 도구

대도시 주변 큰 교외의 주택을 중심으로 넓은 주방이 다시 유행이다. 몇몇 공간 문제를 해결해 줘 기발하다 여겼던 작은 주방은 독신자가 늘어나는 요즘의 추세에도 협소하다고 여겨진다. 물론 그들 대부분이 아마추어 미식가이다 보니 좀 더 넓은 공간을 원하는 상황일 수도 있다. 주방이 크든 작든 장비는 언제나 단계별로 나눠 사며, 보조 도구나 가전제품은 꼭 필요하거나 교체 시기가 됐을 때 사는 게 좋다. 또한 그러지 않으면 가지고 있을 이유가 없으니 모든 조리 도구는 언제라도 바로 쓸 수 있도록 관리한다.

●

냄비와 팬

●

철이든 알루미늄이든, 재질에 상관없이 팬은 두께가 중요하다. 바닥이 두툼할수록 열을 잘 전달해 빠르고 고르게 익힐 수 있다. 한편 모양도 중요해서, 디자이너 마음대로 정한 것 같은 제품은 피한다. 아무래도 다양한 모양은 조리 기술 및 올바른 열 확산과 얽혀 있기 때문이다. 소테팬을 예로 들어 보자. 옆면은 높은 가운데 위로 올라가며 퍼지고, 손잡이는 길고 튼튼하며 잡기 쉬워야 한다. 그래야 자주 저어 줘야 하는 크림이나 자발리오네를 조리하기 좋다. 그 밖에도 납작한 프라이팬(스킬렛)을 생각해 볼 수 있다. 양면을 뒤집어 가며 모두 익혀야 하는 고기, 채소, 오믈렛이나 크레이프에 쓰기 때문에 납작해야만 조리의 효율이 좋다.

알루미늄
가볍고 열전도율이 좋지만 다공질이며 그다지 위생적이지 않다. 수십 년 전만 해도 싸구려 재료였지만 제조 기술의 현대화로 더 매끈거리고 흠집 나지 않으며 닦기 쉬워져 인기를 얻었다. 레스토랑 주방에서는 두꺼운 알루미늄 팬을 종종 쓰는데 표면에 코팅이 안 된 금속은 끓일 때 쓰는 게 가장 좋다. 알루미늄 재질의 팬이나 냄비로 산성 식품 위주의 음식은 만들지 않는다.

무쇠
고전적인 무쇠 프라이팬은 열전도율이 아주 좋다. 처음 쓰기 전에 따뜻한 비눗물로 닦고 길들여야 한다. 기름으로 닦은 뒤 180℃로 예열한 오븐에 넣어 1시간 굽고 식힌다. 요리한 다음에는 소금으로 문지르기만 하고 물에 담그지는 않는다. 눌어붙음 방지 코팅이 벗겨지면 다시 길들인다.

법랑 입힌 알루미늄
눌어붙음 방지 코팅을 입힌 냄비나 팬은 지방을 안 쓰고 조리할 수 있다는 장점이 있다. 코팅이 섬세하므로 긁지 않도록 나무나 플라스틱 조리 도구를 쓴다.

구리
열전도율이 좋아 열이 고르게 전달되므로 소스팬에 이상적인 소재이다. 하지만 무겁고 쉽게 찌그러지며 유지 관리도 어렵고 가격도 비싸다.

유리
조리 과정을 볼 수 있으므로 유리 소스팬은 인기가 있다. 하지만 열전도율이 나쁘고 쉽게 깨지므로 직화 조리에는 권하지 않는다. 강화 유리는 오븐 조리에 써서 바로 식탁에 낼 수 있다는 게 장점이다.

요즘 팬은 스테인리스 스틸, 알루미늄과 구리를 겹쳐 만든다.
그런 조리 도구에는 등록 상표가 붙은 경우가 많다. 최적화 과정을 거쳐
열전도율과 내구성이 좋다. 눌어붙음 방지 코팅이 된 제품도 많은데,
바닥이 두툼한 것을 고른다.

혼성 냄비와 팬

특수 팬과 접시
생선 냄비는 생선을 통째로 조리할 수 있도록 긴 타원형으로 생겼으며
익힌 뒤 들어낼 수 있는 망도 딸려 온다. 롬보이드 생선 냄비는 넙치처럼
납작하고 큰 물고기를 조리하는 도구이지만 가정에서는 잘 안 쓴다.
생선 혹은 기타 특수 냄비도 구리부터 철, 알루미늄 등 재질이 다양해
선택의 폭이 넓지만, 그에 따라 가격 차이도 크다. 높고 좁은 아스파라거스
전용 냄비나 통구이 냄비와 가금류를 익히는 타원형 팬도 크기에 따라
다양하니 갖춰 두면 쓸 만하다. 무쇠 번철은 지방을 더하지 않고 채소나
잘게 썬 고기를 익히기에 좋으므로 건강을 염려하는 요즘 시대에 알맞다.
구리 또는 세라믹 그릇이 딸려 오는 중탕기도 굉장히 중요하고, 찜용
스테인리스 스틸 바구니도 쓰임새라면 결코 뒤지지 않는다. 마지막으로
압력솥은 오롯이 쓰는 이의 선택에 달렸다. 압력솥이 없이는 요리를
못하는 사람도, 애초에 아예 쓰지 않는 사람도 있다. 조리할 시간이
부족한 사람에게는 확실히 쓸모 있다.

스테인리스 스틸
위생적이고 튼튼하지만 열전도율이 썩 좋지 않다. 따라서 바닥에
달라붙는 경향이 있는 마른 요리엔 권하지 않지만 고기나 파스타를
삶기엔 좋다. 바닥에만 구리를 깔아 열전도율을 높인 고급 제품도 있다.
코팅이 다소 쉽게 벗겨지고 식기세척기에 돌릴 수 없어 요즘은 법랑을
입힌 스틸팬은 잘 안 쓴다.

작은 도구
칼, 도마, 국자와 캔따개는 모두에게 익숙한 도구다. 하지만
작은 전자 기기는 편리할 거라는 생각에 잘못된 선택을 하기 쉽다.
반죽, 갈아 내기, 퓌레 만들기, 고기 갈기 등 한꺼번에 많은 기능을
제공하는 기기는 피한다. 이런 조리 도구는 쓸 때마다 분해해 씻어 말리고
재조립해야 한다는 사실도 염두에 두자. 가능하다면 필요에 딱 들어맞는
기능을 가진 기기를 사서 바로 쓸 수 있도록 선반에 두거나 벽에 걸어 둔다.

전원
안전을 위해 싱크대에서 떨어진 곳에 필요한 만큼의 전원을 설치한다.
커피머신, 착즙기, 토스터나 전자레인지 등 매일 쓰는 기기는 자리를 정해
전원을 늘 꽂아 두는 게 좋다. 전기 그릴이나 제빵기, 전기 식칼, 튀김기
등 가끔 쓰는 기기는 쓸 때만 꽂는다. 전기 기기가 언제나 시간을 절약해
주는 건 아니다. 전기 튀김기를 예로 들어 보자. 아주 가끔씩만 쓴다면
그때마다 비워 완전히 닦아 줘야 하므로 손이 더 많이 가기 때문에 오히려
무쇠 프라이팬이 더 실용적일 수도 있다. 푸드 프로세서는 공간을 많이
차지하므로 자주 안 쓴다면 수동 푸드 밀이 낫다.

효율적인 공간 계획
공간을 잘 계획해야 주방을 한층 더 효율적으로 쓸 수 있다. 창문 아래에
설치한 싱크대를 예로 들어 보면, 보기에는 좋을 수 있지만 식기 건조대를
둘 자리를 못 찾을 수도 있다. 싱크볼은 둘로 나누어져 있는 것이 훨씬 더
쓸모 있다. 공기를 재순환하는 환풍기나 레인지 후드는 냄새 처리를 잘
못하니 외부 공간과 연결시켜 설치한다. 서랍처럼 당겨 열어야 내용물을
볼 수 있는 작업대 아래 공간은 아주 실용적이다. 가장 많이 쓰는 도구는
벽에 두는 게 좋다. 선반을 달아 줄지어 둘 수도 있고, 찬장 문이나 서랍을
여닫는 데 방해가 안 되도록 갈고리를 붙여 걸어 둘 수도 있다.

조리 용어

조리 용어

"은근히 삶고, 부드럽게 만들고, 물을 부어 긁어 낸다."에서 각 동사는 달걀을 익히고 음식 맛에 섬세함을 불어넣고 조리 국물을 희석시키는 방법을 묘사한다. 정확한 의미를 모르면서도 흔히 쓰는, 요리책이나 잡지에서 쉽게 볼 수 있는 140여 가지의 요리 용어와 표현을 한데 모아 간단한 사전을 만들었다.(가나다 순)

가늘게 채 썰기
양배추나 양상추 등을 아주 가늘게 채 써는 일.

가볍게 볶기
다진 채소 같은 재료를 기름이나 버터를 두르고 약불에 올려 색이 노릇해지지 않게 익히는 일.

간하기
소금이나 후추, 파프리카 가루나 레몬즙 등의 양념으로 음식 전체의 맛을 돋우는 일.

갈기(다지기)
쇠고기 같은 식재료의 덩어리를 그라인더(믹서)에 넣어 자잘한 알갱이로 만드는 일.

걷어 내기
육수와 같은 액체 표면의 찌꺼기나 거품을 끓는 동안 걷어 내는 일. 뜰채나 구멍 뚫린 국자 등이 가장 적합하다.

걸쭉하게 만들기
소스를 걸쭉하게 만들려면 밀가루, 옥수수 전분, 뵈르 마니에(19쪽 참조), 달걀노른자나 크림을 더하고 몇 분 끓인다.

고기 또는 채소 육수
고형 육수와 비슷하다. 고기나 채소를 걸쭉한 액체나 과립 형태로 농축한 것. 병에 담겨 팔리고 육수, 그레이비, 소스의 맛내기에 쓴다.

고명
개인 접시나 짠맛 중심의 음식을 담아내는 접시를 채소, 허브, 레몬 조각이나 다른 재료로 마무리해 더 맛있어 보이게 하고 모양과 색 사이의 균형을 맞추는 일.

고형 또는 분말형 육수
고기 추출액, 식재료의 맛과 향을 끌어내는 글루탐산 등으로 만든 양념. 육수나 수프에 쓰거나 소스, 그레이비, 고기와 채소의 맛내기에 쓴다.

과일 샐러드
얇게 썰거나 깍둑썰기한 생과일, 또는 익힌 과일을 레몬즙, 오렌지즙, 설탕과 때로 리큐어와 함께 버무린 샐러드. 철 따라 다양한 과일을 쓴다. 겨울에는 과일이 다양하지 않으므로 건과 또는 견과류(건포도, 호두, 무화과 등)로 맛을 낼 수 있다. 여름에는 아이스크림과 함께 내기도 한다.

그라탕
갈아 낸 치즈를 솔솔 뿌리거나 베샤멜 소스를 끼얹은 뒤 버터 조각을 점점이 얹고 빵가루를 뿌려 노릇해질 때까지 오븐에 넣어 굽거나 브로일러에서 색을 낸 요리.

그릴 구이
고기, 채소, 생선을 그릴이나 번철에 익히는 조리법. 바비큐의 타는 숯불 위에 올려 그릴 구이를 할 수도 있다.

그슬리기
닭, 야생 조류, 야생 동물을 불꽃에 잽싸게 통과시켜 남아 있는 깃이나 털을 없애는 일.

글레이즈

통구이의 글레이즈는 윤나고 맑은 육즙을 고기에 펴 발라 주는 일을, 채소의 글레이즈는 채소에 윤기를 더하기 위해 설탕을 조금 넣은 국물에 익히는 조리법을 의미한다.

기름 걷어 내기

육수나 수프, 스튜의 표면에 올라오는, 너무 많은 지방을 걷어 내는 일. 냉장실에서 차게 식힌 다음 표면에 굳은 층을 걷어 내는 게 가장 쉽다.

기름 발라 주기

제빵틀, 구이팬, 기타 틀이나 유산지 등에 기름이나 녹인 버터를 바르거나 녹이지 않은 버터를 발라 굽거나 조리할 때 붙지 않도록 하는 일. 가염 버터보다 탈 확률이 적은 무염 버터가 낫다.

기초

다른 재료를 올리는 채소 또는 샐러드 잎채소의 켜.

깍둑썰기

채소나 고기, 또는 다른 재료를 작고 균일한 정육면체로 써는 일.

꾸러미 구이

재료를 은박지나 유산지 등으로 싸서 오븐에 넣어 굽는 조리법. 기름이나 지방을 적게 쓸 수 있고 수분을 잃지 않으므로 고기, 생선, 채소 조리에 좋다.

끼얹기

노릇해지는 걸 돕고 재료의 촉촉함을 지키기 위해 통구이나 다른 조리를 할 때 녹아 나오는 지방이나 국물을 숟가락으로 끼얹는 조리법.

나비펼치기

닭이나 더 작은 영계 등을 손질하는 방법으로, 등뼈를 잘라 낸 뒤 펼치고 두들겨 납작하게 한 후 기름, 레몬, 소금으로 양념해 그릴이나 바비큐로 익히는 조리법이다. 양 다리나 돼지갈비도 나비펼치기를 할 수 있다.

나폴레타나

'나폴리식' 맛내기라는 뜻으로 토마토, 마늘, 양파, 허브와 올리브기름을 쓴다.

녹이기

설탕처럼 마른 재료를 용액이 될 때까지 액체에 섞어 녹이는 일.

다지기

무거운 칼로 허브나 채소, 베이컨 등 식재료를 잘게 자른다.

닭펼치기

특히 닭에 쓰는 손질법으로 등뼈를 잘라 내고 펼친 뒤 눌러, 레몬즙과 후추를 더한 기름에 재어 두었다가 그릴에 굽거나 바비큐한다.

담그기

판 젤라틴이나 말린 과일, 버섯 등이 물기를 머금어 부피가 커지고 부드러워지도록 물이나 다른 액체에 담그는 일.

덮기

소스팬이나 접시를 뚜껑이나 은박지 등으로 덮어 조리 시간을 줄이거나 수분 증발 속도를 줄여 재료가 마르는 것을 막아 주는 일.

데치기

과일이나 채소를 끓는 물에 부분적으로 익혀 부드럽고 껍질을 벗기기 좋게, 또는 우유나 물에 담가 하얗게 만드는 조리법.

두르기

속재료를 담기 위해 팬이나 틀을 페이스트리 반죽, 판체타나 베이컨 저민 것, 채소 등으로 덮는 일.

등분하기

가금류나 야생 동물을 주방 가위나 아주 날카로운 칼을 써 요리할 분량으로 자르는 일.

뜨거울 때 더하기

소스나 다른 액체가 끓을 때 재료를 더하기. 예를 들어 고기의 맛이 육수 맛보다 더 중요하다면 고기를 끓는 물에 넣는다.

라구

'식욕을 촉진하다.'라는 뜻의 프랑스어가 어원이지만, 라구는 이탈리아 파스타 소스의 정수다. 다지거나(볼로냐식) 썬 고기에 토마토, 기름, 향신료를 더하고 스튜처럼 오래 끓여 만든 소스는 이탈리아 남부의 전통 음식이다.

라드

고기 덩어리에 칼집을 내 판체타 또는 베이컨이나 그 비계, 햄 조각을 넣는 조리법. 익는 동안 지방이 녹아 나와 재료를 부드럽게 하고 맛을 불어 넣는다.

라르동

베이컨이나 판체타 등 돼지 뱃살 가공육을 길고 두툼하게 썬 것. 훈제는 할 수도, 안 할 수도 있다. 수프나 스튜, 소스에 쓴다.

리볼리타

토스카나 지방의 시골 음식이지만 이제 이탈리아 전통 요리의 별미로 자리 잡았다. 토스카나 양배추●와 콩으로 한 번 끓여 다음 날까지 두었다가 다시 끓인다. 그래서 '다시 끓이기'라는 뜻의 이름이 붙었다.(154쪽 참조)

마스카르포네

롬바르디아 지역에서 유래한 이탈리아의 생치즈로, 크림 치즈와 비슷하지만 톡 쏘며 고소한 맛을 지닌다. 티라미수 같은 디저트에 가장 많이 쓴다.(344쪽 참조)

맛내기

음식에 파슬리, 로즈메리, 세이지, 타임 같은 허브나 당근, 양파, 셀러리 같은 채소를 써 맛이나 향을 더하는 일.

● 카볼로 네로, '까만 배추'라는 뜻. 케일과 흡사하다.

매달기
부드럽고 육즙이 많아지도록
포유동물이나 가금류를 도살 후
통째로 매달아 보관하는 일.

멍울짐
소스에 넣은 달걀이 매끈하게
섞이지 않고 뭉쳤을 때 멍울졌다고
말한다. 마요네즈나 달걀
커스터드에서 생길 수 있다.
크림화 과정에서 달걀이 버터에서
분리되면 케이크 반죽도 멍울질 수
있다.

멧돼지
야생 돼지.

모체타
발레다오스타주의 특산물로
아이벡스 염소나 샤모아, 염소의
허벅지살로 만드는 '생햄'. 허브
염지액에 담가 두었다가 말려
만드는데, 안티파스토로 낸다.

무냐이아
프랑스어 표현 '아 라 뫼니에르(a la
meunière)', 즉 '방앗간 집 부인의
조리법'을 이탈리아어로 옮긴
것. 포 뜬 생선에 밀가루를 입혀
버터에 노릇하게 지진 음식이다.
특히 가자미류에 추천하는
조리법이지만 다른 흰살 생선에도
잘 어울린다.

무스
고기, 생선, 과일이나 초콜릿으로
부드럽고 기포 많게 만든 음식으로
종종 크림을 쓰거나 거품기로 올린
달걀흰자를 섞어 만들고 냉장고에
넣어 굳힌다. 절인 햄이나 참치,
연어 등으로 맛을 내 짠맛 중심일
수도, 초콜릿이나 바닐라로 맛을 내
단맛 중심일 수도 있다.

밀가루 두르기
고기, 채소, 생선은 종종 튀기기
전에 밀가루를 살짝 입히기도 한다.
페이스트리나 반죽이 달라붙지
않도록 제과틀이나 작업대에도
밀가루를 두른다.

밀기
페이스트리나 다른 반죽을 평평한
작업대에서 밀어 같은 두께로
만드는 일. 언제나 한 방향으로
밀어야 하는데, 종종 반죽을
90도씩 돌려 주기도 한다.

밀라네제
'밀라노식'이라는 뜻으로
채소나 고기를 푼 달걀에
담갔다가 빵가루에 입혀
튀기는 조리법. 버터에 튀기는
밀라노식 송아지고기 촙이 특히
유명하다.(222p 참조)

바드
소, 돼지 등의 통구이 부위나
가금류 또는 야생 동물의 가슴살을
판체타나 베이컨, 또는 그 지방이나
햄으로 감싸 맛을 들이는 한편 열로
인해 마르는 것을 막는 조리법. 조리
시간의 4분의 3 시점에서 노릇하게
익을 수 있도록 감싼 지방을 살살
걷어 준다.

바투토
양파, 당근, 셀러리와 마늘을
날카롭고 무거운 칼로 다져 만드는,
여러 이탈리아 요리의 바탕.
판체타나 그 지방, 절인 돼지고기와
볶아 미네스트로네나 다른 고기
요리의 바탕으로 삼는다.

반죽하기
반죽을 손, 스패출러, 반죽
갈고리를 단 전동 믹서로 일정 시간
늘리고 잡아당기는 것. 파스타나
효모 반죽은 힘차게, 페이스트리
반죽은 가볍게 반죽한다.

발사믹 식초
트레비아노 와인을 끓이고 졸여
만든 식초. 적어도 10년, 또는
그보다 훨씬 오래 숙성시키며
모데나시 인근의 인증받은
지역에서만 담글 수 있다.
아주 비싸지만 특유의 부드러운
맛을 지닌다.

뱅 마리
끓는 물이 담긴 팬에 올려 아주
약하게 열을 가했다가 오븐 또는
화로의 약불에서 마저 익히는
요리법 또는 그릇.

버터나 크림 섞기
요리의 마무리에 버터나 크림을
섞어 고르고 매끄러운 질감을
연출하는 일. 리소토가 고전적인
예다.(51쪽, 142~153쪽 참조)

벗겨 내기
구이팬이나 프라이팬의 바닥에
눌은 침전물을 긁어내어 국물에
녹이는 일. 물이나 와인, 육수 등을
써서 그레이비나 소스를 만든다.

보글보글 끓이기
액체를 끓는점 직전까지 끓이거나
이미 끓는점에 이른 걸 불을 줄여
표면에 움직임이 거의 없도록 두는
조리법. 예를 들어 생선을 은근히
삶는 국물 쿠르부용이나 중탕기의
불은 보글보글 끓을락말락해야
한다.

볶기
고기, 생선, 채소를 기름이나 버터
두른 프라이팬이나 소테팬에 겉이
노릇해지고 속은 다 익을 때까지
조리하는 방법. 파스타나 리소토도
볶을 수 있다.

볼로네제
'볼로냐식'이라는 뜻으로 이탈리아
요리의 고전 가운데 일부인
라구(고기 소스), 탈리아텔레,
토르텔리니, 라자냐 등 북부
이탈리아 에밀리아 지방의 음식을
의미한다.

뵈르 마니에

소스를 걸쭉하게 만드는 데
쓰는 곤죽으로 밀가루와 버터를
동량으로 섞어 만든다. 작은 버터
조각을 넣어, 한 조각이 완전히
흡수될 때까지 다음 조각을 더하지
않는다. 그리고 밀가루가 익어
소스가 걸쭉해지도록 다시 끓인다.

부드러워질 때까지 조리

채소를 약불에서 부드럽게
조리하는 일. 대개 양파를 버터나
기름에 부드러워질 때까지
조리하는데, 이는 수분을 대부분
잃어 반투명해지는 것을 의미한다.

부드럽게 만들기

식재료, 예를 들어 버터를
냉장고에서 꺼내 상온에 30분 정도
두어 바르거나 저어 섞기 쉽도록
만드는 일.

부수기

통후추나 다른 향신료 알갱이,
마늘 등을 갈아 향을 내는 일.
전통적으로 절구와 공이를 쓴다.
절구와 공이가 없다면 밀대 끝이나
숟가락 2개를 대신 쓸 수 있다.
요즘은 향신료 갈이도 많이 쓴다.

부케 가르니

생허브를 조리 후 쉽게 건져 낼 수
있도록 한데 묶은 다발. 이탈리아식
부케 가르니는 이탈리안 파슬리,
바질, 타임과 월계수 잎으로
만든다. 하지만 셀러리나 세이지 등
다른 허브도 다양하게 쓸 수 있다.

브루스케타

'살짝 구운'이라는 뜻으로, 집에서
만든 빵을 살짝 구워 생마늘을
문지르고 소금으로 양념한 뒤
올리브기름을 뿌려 만든다. 다진
토마토, 오레가노, 야생 회향 씨
등을 더해도 된다.

비네그레트

고전적인 샐러드 드레싱으로,
올리브기름, 와인 식초와 소금을
거품기로 저어 고르게 섞어 만든다.

빵가루

고기, 생선, 채소를 달걀 물에
담갔다가 빵가루를 묻혀 튀긴다.

뼈 발라내기

생선이나 고기에서 뼈를 발라낸다.

사슴고기

풍성하면서도 수렵육의 맛을 지녀
취향을 탄다. 영국에서는 붉은
사슴을 사육해 고기를 생산한다.
사슴고기는 유럽에서는 흔하지만
뉴질랜드의 수입육에 의존하는
미국에서는 귀하다. 부위에 따라
통구이나 스테이크에 잘 어울리고
다지거나 갈아서 먹는다.

산마르차노 토마토

나폴리가 원산지인 길쭉한
토마토의 일종이다. 로마
토마토보다 가늘고 뾰족한
산마르차노 토마토는 과육이
두껍고 씨는 적다. 강렬하면서도
단맛과 섬세한 신맛을 지녀 진한
고기 요리의 균형을 맞춰 준다.

산처리하다

아티초크 등의 채소류가 조리 전
변색되는 현상을 막기 위해 식초나
레몬즙을 섞은 물(또는 다른 액체)에
담그는 일.

살모리리오

올리브기름, 레몬즙, 파슬리,
오레가노와 소금물로 만드는
소스로 칼라브리아나
시칠리아에서 청새치 구이의
양념으로 쓴다.

살미

가금류를 포함한 수렵육의
조리법으로, 통구이로 일부 익힌
다음 잘라 스튜를 끓인다.

삶기

고기, 채소 등을 거품이 날 정도로
끓인 물이나 육수에 일정 시간만큼
익히는 조리법.

섞기

재료를 손이나 전동 믹서,
푸드 프로세서 등으로 부드럽고
균일해질 때까지 섞는 조리법.

설탕 조림

설탕이 흡수될 때까지 과일 시럽에
여러 번 담근다. 과일은 수분을
대부분 잃고 딱딱하게 굳어서 오래
보관할 수 있다. 하지만 설탕 조림은
손이 많이 가는 과정이다.

세미프레도

'반만 얼렸다.'라는 뜻의
이탈리아어. 보통 아이스크림처럼
부드럽게 얼린 디저트를 말하지만
케이크나 과일, 커스터드를 더해
일부 얼린 것도 일컫는다.(352쪽
참조)

소

닭, 칠면조, 비둘기, 꿩의 속을
채우는 재료. 레시피에 따라
다양한 재료를 다져 빵가루와
버무리거나, 우유로 촉촉함을
주거나, 달걀로 한데 섞어 쓴다.

소금

가지, 오이, 그리고 때로
애호박에도 소금을 솔솔 뿌려
수분을 걸어 낸다. 가지에 쓴맛이
있던 시절에는 필수 과정이었지만
요즘 나오는 가지는 그런 맛이
훨씬 덜하다.

손질하기

냄새나 강한 맛을 가시게 하기 위해
레몬즙이나 식초를 떨군 깨끗한
물에 골, 췌장, 콩팥이나 야생
동물을 담그는 과정. 갑각류 안에
든 모래나 기타 찌꺼기를 없애기
위해 물에 담그거나 생선의 내장을
발라내고 조류의 깃털을 뽑는 것도
손질에 속한다.

솔솔 뿌리기

작업대에 두르는 밀가루처럼 한
재료를 다른 재료에 적은 양으로
흩뿌려 얇은 켜로 더하는 법.

수북히 쌓기

밀가루를 작업대에 준비하는 전통적인 방식이다. 체로 내려 작은 피라미드를 만든 다음 가운데를 파서 레시피에 따라 달걀을 깨 넣거나 다른 재료를 더한다.

수플리

다진 고기, 또는 더 일반적으로 모차렐라 치즈 조각을 채운 밥 크로켓. 녹은 모차렐라 치즈가 늘어지는 모양이 종이컵 전화기와 전선을 닮았다고 해서 '수플리 알 텔레포노(전화기의 놀라움)'라는 이름이 붙었다. 로마와 중부 이탈리아 지역에서 아주 인기 많다.(72쪽 참조)

스투파토

큰 쇠고기 덩이의 겉을 지지지 않고, 뚜껑 덮은 팬에 담아 약불에 올려 와인, 허브, 향신료와 천천히 익히는 조리법.

스튜

고기나 생선을 국물에 잠긴 채로 뚜껑을 덮어 약불에 익히는 조리법.

싹둑 자르기

여러 목적으로 조금 잘라 내는 일. 예를 들어 스테이크는 구울 때 오그라들지 않도록 가장자리에 얕게, 고기와 수직으로 칼금을 넣는다. 부추나 골파는 칼보다 가위가 빠르고 쉬울뿐더러 멍들지 않으므로 칼 대신 가위로 가볍게 자른다.

아그로돌체

허브, 와인 식초, 설탕, 양파와 마늘 등으로 만든, 달콤하고 신 드레싱으로 생선, 야생 동물이나 채소와 함께 낸다. 특히 양파나 가지에 곁들인다.

아라비아타

문자 그대로는 '화난'이라는 뜻으로 맵다는 걸 의미하는데, 돼지갈비나 토끼고기, 닭고기 등을 팬에 양념을 많이 써서 익히는 방식이다. 또한 토마토나 매운 칠리 소스를 끼얹은 펜네나 다른 파스타를 의미한다.(124쪽 참조)

아마레티

아몬드나 살구 씨로 맛을 낸 비스킷으로 무스나 기타 부드러운 디저트에 곁들여 낸다.(314쪽 참조)

아이싱

케이크나 비스킷을 만들 때 윤나는 설탕의 막을 표면에 입히기도 한다. 초콜릿으로 맛을 내거나 식용 색소로 색을 더할 수도 있다. 여러 종류의 아이싱이 있다.

안티파스토

'식사 전'이라는 뜻으로 첫 번째 요리 전에 내는 전채를 말한다. 뜨겁거나 차갑게 썰어 놓은 고기, 기름에 재운 채소, 치즈 등을 큰 접시에 담아낸다.

알 덴테

파스타나 쌀이 부드러우면서도 씹었을 때 심이 남아 있는 상태. 따라서 바로 불을 줄이고 물에서 건져야 한다. 알 덴테로 익힌 채소는 맛도 좋고 영양소도 더 많다.

약불에서 끓이기

스튜처럼 재료가 부드러워지도록 오래 끓여야 하는 요리를 약불에 올리는 일. 불을 가능한 한 가장 약하게 조절한다.

얇은 막 올리기

요리에 얇은 막을 입히기 위해 크림이나 젤라틴, 소스를 바르거나 부어 주는 일.

오레키에테

이탈리아 남부 아풀리아 지방의 파스타로 작은 귀처럼 생겼다.(50쪽 참조)

오븐에서 노릇하게 지지기

라자냐 같은 요리는 오븐에서 윗면을 노릇하게 지질 수 있다. 고기와 생선 등을 지지려면 기름이나 버터, 또는 둘을 섞어 쓰면 된다. 페이스트리는 달걀노른자를 풀어서 솔로 발라 구우면 노릇해진다.

올리기/섞기

크림, 달걀흰자, 버터와 소스를 손 또는 전기 거품기로 섞어 올려 부피를 늘리고 공기 방울을 불어 넣는 일. 부드러워진 버터에는 다른 맛을 더하기도 한다.

우려내기

재료를 와인이나 리큐어, 양념 등 액체나 향신료 등에 일정 시간 담가 두는 조리법.

우미도

토마토 소스에 끓이고 올리브기름, 파슬리나 다른 허브와 향신료로 맛을 낸 고기 스튜나 조림. 붉은 고기, 생선, 닭고기와 토끼고기로 만든다.

유대인식

로마의 유대인 공동체에서 인기를 누렸던 아티초크 튀김법. 아티초크를 통째로 뜨거운 기름에 튀기면 보기 좋게 노릇해지며 꽃처럼 활짝 피어난다.(268쪽 참조)

유화

기름이나 식초, 레몬즙처럼 밀도가 다른 두 액체를 섞기 위해 거품기로 휘저어 올리는 조치. 결과물은 불안정해, 얼마 뒤 다시 분리될 수 있다.

육즙

구이팬의 바닥에 모인 육즙. 물이나 육수, 와인으로 희석시켜 끓이면 소스로 쓸 수 있어, 고기에 끼얹거나 그릇에 담아 따로 낼 수도 있다.

은근히 삶기

달걀을 끓는 물에 깨뜨려 몇 분 동안 익히는 조리법. 생선, 고기, 가금류 또한 약하게 끓는 물이나 육수에 은근히 삶을 수 있다.

장식
과일, 체로 내린 설탕이나 코코아 가루, 크림이나 다른 재료로 개인 접시나 단맛 위주 음식을 담아내는 접시를 마무리해 더 맛있어 보이게 하고 모양과 색 사이의 균형을 맞추는 일.

재움
고기나 야생 동물, 생선을 올리브기름, 레몬즙, 식초, 와인, 향신료나 허브 등 향 나는 양념에 담가 맛을 들이고 부드럽게 하는 조리법.

저어 섞기
한데 섞는 것. 대개 고르게 섞기 위해 여러 단계를 거친다. 젖은 재료를 마른 재료(또는 그 반대)에 조금씩 매끈하고 고르게 섞은 다음 나머지를 섞는다.

정제
고기 육수를 맑게 만드는 과정으로, 조리가 끝나기 30분 전쯤 거품기로 올린 달걀흰자를 더해 육수를 보글보글 끓인 다음 거른다. 버터도 정제할 수 있다.(35쪽 참조)

조림
뚜껑 덮은 팬이나 캐서롤을 약불에 올려 적은 양의 국물로 천천히 익히는 조리법. 시간은 대개 레시피에서 지정해 준다. 붉은 고기, 가금류나 야생 동물의 조리에 주로 쓴다.

졸이기
육수나 소스 같은 액체를 오래 끓여 걸쭉하고 진하게 만드는 조리법.

줄리엔(쥐이엔느)
채소를 성냥개비처럼 가늘고 길게(6cm 길이) 써는 일. 쥐이엔느로 재료를 채 썰면 기름, 레몬즙, 마요네즈 등을 잘 흡수한다.

중탕
팬이나 대접을 끓을락말락하는 물 위에 올려 섬세한 재료를 조리하거나 초콜릿을 녹이는 법. 맛이나 농도 변화 없이 요리를 익히거나 데우는 데 쓰기도 한다.

증발시키기
요리에 맛을 더 내기 위해 육수나 와인, 리큐어 등 액체를 넣고 끓여 날리는 일.

지아드니에라
양파, 당근, 콜리플라워, 파프리카, 오이 같은 채소의 식초 절임. '뜰 채소'라는 프랑스어 '아 라 자르디니에르(a la jardinière)'와 의미가 비슷하다.

진주(어린) 양파
지름 1cm 가량의 작은 양파로 빨간색, 흰색, 노란색을 띤다. 부드러우며 살짝 단맛이 있다. 껍질을 벗기기 어려우므로 끓는 물에 1~2분 데친 뒤 건져 찬물에 담근다. 밑동을 썰고 껍질에서 짜내듯 양파를 꺼낸다.

찜기
고기 망치나 무거운 소스팬 등의 도구를 써서 재료를 부드럽게 하거나 고기를 납작하게 펴는 법. 예를 들어 말린 대구, 문어나 동물의 특정 부위는 근섬유를 파괴시켜 부드럽게 하기 위해 찧는다.

차가울 때 더하기
소스나 다른 액체를 불에 올리기 전에 재료를 더하기. 예를 들어 육수의 맛이 고기 맛보다 더 중요하다면, 고기를 찬물에 담가 끓인다.

채우기
통구이나 다른 구이에서 토마토 같은 채소, 생선, 칠면조로 '껍데기'를 만들어 짠맛 위주의 소를 넣는 일.

채워 넣기
케이크의 층이나 슈의 속 등을 커스터드, 초콜릿, 크림이나 잼으로 채우는 일.

체로 내리기
밀가루, 백설탕, 코코아 가루와 그 밖의 마른 재료를 기름, 녹인 버터, 우유에 섞기 전 덩어리를 없애기 위해 체로 내린다.

카르피오네
다진 양파, 셀러리, 허브와 당근을 올리브기름에 볶아 물과 식초를 더해 만든 소스. 아주 뜨거울 때 채소나 민물고기에 끼얹는다.

카치아토레
'사냥꾼식'이라는 뜻으로 닭이나 산토끼, 집토끼를 버섯, 양파, 화이트 와인, 허브, 향신료와 함께 익히는 조리법을 말한다. 지역마다 조리법이 다양하다.

카치우코
리보르노식 생선 수프로, 거의 스튜에 가까우며 지역마다 조금씩 다르지만 리보르노현의 것을 가장 고전으로 친다.(158쪽 참조)

카포나타
이 유명한 시칠리아 요리는 일부 주장에 의하면 스페인의 카탈루냐가 기원이라고 한다. 주로 가지를 비롯한 채소를 깍둑썰기해 달고 신 소스에 익혀 안티파스토로 따뜻하거나 차게 낸다.(272쪽 참조)

칼집 넣기
생선을 통째로 그릴 또는 오븐에 구울 때 양면에 두세 군데의 칼집을 넣어 주는 게 열과 맛의 침투를 도와준다. 빵처럼 효모로 부풀리는 반죽도 구울 때 잘 부풀어 오르도록 칼집을 넣는다.

캐러멜화
설탕이 진한 금갈색을 띨 때까지 불에 올려 녹이는 조리법. 생과일에 입힐 수도 있고 브리틀, 프랄린을 만들거나 틀에 부어 모양을 잡을 수도 있다.

크레모나의 모스트라다

꿀, 머스터드, 와인의 시럽에 담가
만드는 이탈리아 특산의 설탕
입힌 과일. 맛이 연하거나 진할
수 있으며, 굽거나 삶은 고기나
강한 맛 치즈와 먹는다. 샐러드
드레싱이나 스튜 맛내기에 쓴다.

통구이

고열에서 겉을 지진 고기, 생선,
채소를 오븐이나 꼬챙이, 팬(냄비
통구이)에서 익히는 조리법.

튀김

기름이나 녹인 지방을 넉넉히
냄비에 붓고 뜨겁게 달군 뒤 재료를
담가 익히는 조리법. 튀김에는
식용유가 가장 좋다. 나무 숟가락의
손잡이를 담가 기름에서 꾸준히
거품이 나면 준비된 것이다.

트레비소 라디치오

이탈리아산 적색 상추 또는
적색 치커리로도 알려진 싱싱한
상추. 주름진 잎, 깊은 자홍색,
그리고 크림색의 하얀 잎맥이
아주 선명하게 보인다. 생으로
내도 되고, 굽거나 튀겨도 좋다.
영양분과 항산화제가 많이 들어
있는 재료이다. 다른 종류의
치커리를 대용품으로 사용해도
된다.

트리폴라토

여러 재료를 올리브기름이나
버터에 마늘과 양파를 더해
볶는 조리법. 마지막에 파슬리를
더한다.(264쪽 참조)

파르미지아나

가지 파르미지아노가 가장 유명한
조리법이다. 일단 튀긴 뒤 오븐에
넣어 그라탕으로 굽는다. 다른
채소로도 조리할 수 있다.(234쪽
참조)

파르미지아노

녹인 버터와 간 파르미지아노
치즈를 사용해 익힌 파스타, 쌀,
채소 등의 맛을 내는 조리법을
의미한다.

파사타

걸러 병에 담은 토마토로, 퓌레보다
덜 농축된 맛을 지닌다.

판소티

제노바식 라비올리로 모둠 허브와
서양지치, 근대 등으로 푸짐하게
속을 채운다. 호두 소스에 버무려
낸다.

판체타

베이컨처럼 소금에 절인 돼지
뱃살인데, 그 절이는 방식이 다르다.
삼겹살 모양 훈제는 할 수도 안 할
수도 있고, 그대로 두거나 말아서
만들기도 하며, 향신료로 맛을 더할
수도 있다. 파스타 소스, 케밥 등
많은 요리에 맛내기 재료로 쓴다.
없다면 베이컨을 대신 쓸 수 있다.

팬에 노릇하게 지지기

채소를 약불에 녹인 버터나
기름으로 살짝 노릇해질 때까지
익히는 조리법. 특히 얇게 썬
양파나 마늘을 익힐 때 공통적으로
쓴다. 고기나 채소는 요리의 맨
처음이나 마지막 단계에서, 센불에
달군 프라이팬에 깊고 진한 갈색이
돌 때까지 익힐 수 있다.

포 뜨기

익히거나 안 익힌 생선을 뼈에서
발라내는 일. 날생선에는 아주
날카롭고 휘어지는 칼을 써야 한다.

포카치아

납작하고 둥글거나 각진,
올리브기름을 넣어 만든
이탈리아의 빵이다. 케이크 같은
질감에 허브나 올리브, 타페나드로
맛을 낸다.(76~79쪽 참조)

포타치오

토마토 소스에 끓인 닭고기,
토끼고기, 양고기 스튜.

푼타렐레

카탈루냐 치커리*를 기름, 식초,
소금, 마늘과 안초비에 버무린 요리.
전형적인 로마 요리다.

퓌레

고형 또는 반 고형의 재료나
혼합물을 푸드 프로세서나
블렌더에 갈아 반 액체나 매끄러운
크림처럼 만드는 방법.

프로슈토

익힌 것을 포함, 모든 햄을
일컫는 이탈리아어. 하지만
다른 나라에서는 특히 파르마
지방에서 나오는, 공기 중에서
건조한 생햄을 가리킨다.
베네토나 산 다니엘에서도
좋은 프로슈토가 나온다.

프리카세

달걀노른자로 걸쭉하게 만들어
레몬으로 맛을 낸 크림 같은
소스로 송아지고기, 양고기
토끼고기나 닭고기에 끼얹어
낸다. 준비되자마자 불에서
내리지 않으면 소스가 지나치게
걸쭉해지거나 멍울질 수 있으니
주의한다.

핀치모니오

올리브기름, 소금, 레몬즙이나
식초, 후추로 만든 드레싱.
채 썬 생채소를 찍어 먹는다.

필로토

그릴이나 꼬치구이를 쓰는 조리법.
고기를 반만 익히고 베이컨 비계를
두꺼운 종이에 싸서 포크에 끼워,
불에 가져간다. 종이에 불이 붙고
그 열로 배어 나오는 베이컨 기름을
고기 위로 떨어트려 맛을 낸다.

● 이탈리아 민들레, 길고 뾰족한 잎에
아루굴라와 비슷한 쌉쌀함, 회향의
단맛을 지녔다.

훈제 라드
라드 혹은 이탈리아어로 라르도는
돼지비계를 의미한다. 미묘한 맛과
높은 발연점 덕분에 고기 통구이에
쓰기 좋다. 최고 품질의 라드는
안심 안쪽과 콩팥 주변에서 떼어
낸 것으로 엽상 지방이라 부른다.
녹인 뒤 굳히면 흰 덩이가 된다.
훈제하면 풍성한 불맛을 품는다.

희석
걸쭉한 소스나 양념을 묽게 만드는
일.

레시피 심볼

※ 무글루텐

❀ 완전 채식

♥ 채식

🍶 무유제품

🍯 재료 5가지 이하

① 조리 시간 30분 이하

🧳 한 냄비 요리

기본
레시피

RICETTE
DI BASE

전 세계에서 사랑받는 이탈리아 요리는 몇 가지의 기본 레시피이다. 하지만 셀 수 없이 많은 요리를 이 기본 레시피로 만들 수 있다. 이탈리아의 가정식 요리는 최고의 식재료를 아울러 다채로운 맛을 만들어 낸다. 복잡한 조리 기술이나 엄청난 가짓수의 식재료가 없어도, 이탈리아 전역에서 나오는 최상의 재료만으로 근사한 요리를 만들 수 있다.

이탈리아 요리에서 기초를 이루는, 그래서 조리하고 또 조리할 레시피를 정리했다. 반복해서 이 레시피로 음식을 만들다 보면 자신감이 쌓여 나만의 새로운 요리도 탄생시킬 수 있다. 수프, 스튜, 캐서롤, 리소토 등에 깊이와 복잡함을 불어넣어 줄 구수한 육수(30~33쪽 참조)부터 토마토(37쪽 참조)나 고전적인 베샤멜 소스(38쪽 참조)처럼 이탈리아 요리에 가장 많이 쓰이는 짠맛 중심의 소스, 쉽게 만들 수 있는 빵 반죽(46쪽 참조), 피자 반죽(47쪽 참조), 이탈리아 요리하면 가장 먼저 떠오르는 리소토(51쪽 참조), 생파스타면(48쪽 참조), 폴렌타(45쪽 참조) 등의 요리를 믿을 수 있고 복잡하지 않은 레시피로 만들어 볼 수 있다.

기본 레시피의 재료는 대부분 쉽게 구입할 수 있다. 기성품 중에도 품질이 좋은 제품이 많지만 집에서 만드는 것과 비교할 수 없다. 게다가 집에서는 입맛에 맞춰 만들 수 있다. 그리고 무엇보다 좋은 식재료를 쓸 수 있으므로 방부제나 설탕 및 소금을 너무 많이 넣지 않고도 음식을 만들 수 있다.

육수를 끓여 냉동고에 보관해 두면 요리를 할 때 쓸모가 많다. 육수는 끓이는 데 시간이 오래 걸리므로 한 번에 많이 끓여 소분하여 보관한 후 필요할 때마다 해동해 쓴다.

'소프리토('천천히 볶은'이라는 의미)'에 사용하는 썬 채소나 허브도 마찬가지이다. 수프, 스튜, 리소토 등의 바탕이 되는 소프리토는 양파, 셀러리, 당근으로 이루어지는데, 한꺼번에 많이 썰어 얼려 두는 것이 좋다. 다진 허브 잎은 얼음 틀에 약간의 물과 함께 담아 얼려 두면 매번 원하는 양 만큼만 쓸 수 있다.

이탈리아인은 단맛으로 식사를 마무리하는 것을 좋아한다. 따라서 다른 종류의 커스터드(54~55쪽 참조), 응용이 가능한 아이스크림(60~63쪽 참조), 단맛의 소스(56~57쪽 참조), 고전인 파이 반죽 또는 숏크러스트 페이스트리(52쪽 참조), 기본 스펀지 케이크(53쪽 참조) 등의 레시피도 준비했다. 크로스타타(328~337쪽 참조)나 카사타(342쪽 참조)부터 티라미수(344쪽 참조), 주파 잉글레제(340쪽 참조)까지 다양하지만 하나같이 맛있는 디저트에 쓸 수 있는 스펀지 케이크이다.

여기서 소개한 기본 레시피는 요리 실력을 끌어올리는 데에 중요한 역할을 한다. 『실버 스푼 클래식』을 따라 요리하면서 계속해서 참고하고 또 참고한다면 진정한 이탈리아 가정식 요리사가 될 수 있을 것이다.

고기 육수

BRODO DI CARNE

잘 만든 고기 육수는 이탈리아 가정식 요리에 있어 가장 필요한 기본
재료이다. 덕분에 시판 육수(액상 및 큐브형)를 쓰지 않고도 맛있는 요리를
만들 수 있다. 파슬리, 세이지, 타임, 월계수 잎과 같은 허브 등 좋은 재료를
넣어 천천히 보글보글 오래 끓인 육수는 무엇과도 견줄 수 없다. 육수를
한꺼번에 많이 끓였다면 냉장실에서는 3일, 냉동고에서는 2개월을 두고
쓸 수 있다. 크고 두툼한 냄비에 재료가 적어도 5cm는 잠기도록 물을
붓는다. 육수가 너무 짜지지 않도록 소금은 조리의 끝 무렵에 넣어 간을
한다. 육수는 수프, 스튜, 리소토, 그레이비 등에 두루 쓸 수 있다.

＊ ⌂ ⌂ ⊟

2.5L 분량
준비: 15분
조리: 3시간 45분

기름기 적은 쇠고기 800g, 깍둑썬다
송아지고기 600g, 깍둑썬다
양파 1개, 굵게 썬다
당근 1개, 굵게 썬다
서양대파 1대, 다듬어 굵게 썬다●
셀러리 줄기 1대, 굵게 썬다
취향에 맞는 생허브 1줌, 곱게 다진다
소금

큰 냄비에 고기를 담은 뒤 고기가 5cm는 잠기도록 찬물 5L를 붓고
중간-센불로 온도를 높여 가며 끓인다. 천천히, 그리고 살포시 보글보글
끓여야 맛있는 육수를 낼 수 있으므로 온도를 올리는 동안 상태를
확인하며 떠오르는 찌꺼기를 걷어 버린다.

냄비에 양파, 당근, 서양대파, 셀러리, 생허브를 넣고 약불로 낮춰
3시간 30분 보글보글 끓인다. 입맛 따라 소금으로 간한다. 육수를 체에
내려 대접에 담고 고기와 채소를 버린다. 육수가 식으면 냉장고에 넣어
몇 시간 두었다가 표면에 굳은 기름을 걷어 버린다.

● 일반 대파로 대체 가능하다.

닭 육수

BRODO DI POLLO

닭 육수는 체로 말끔히 거른 뒤 냉장고에 넣어 적어도 2시간 두었다가 표면에 굳은 지방을 걷어 버린다. 고기 혹은 송아지 육수를 더해 혼합 육수도 만들 수 있다. 닭 육수는 작은 뇨키, 가늘게 채친 채소나 길게 썬 오믈렛과 같이 낼 수 있다.

●

2.5L 분량
준비: 15분
조리: 2시간 15분

●

닭 또는 다 자란 암탉 1마리, 껍질 벗기고 보이는 비계를 떼어 낸다
양파 1개, 굵게 썬다
당근 1개, 굵게 썬다
셀러리 줄기 1대, 굵게 썬다
소금

일반 닭보다 더 섬세한 맛의 육수를 낼 수 있으므로 다 자란 암탉(2년생 안팎)을 권한다.

큰 냄비에 닭과 양파, 당근, 셀러리를 넣고 재료가 5cm는 잠기도록 찬물 5L를 부은 뒤 중간-센불로 온도를 높여 가며 끓인다.

끓기 시작하면 온도를 낮춰 2시간 이상 보글보글 끓인다. 종종 저으며 떠오르는 찌꺼기를 걷어 버린다. 입맛 따라 소금으로 간한다. 육수를 체에 내려 대접에 담고 고기와 채소를 버린다. 육수가 식으면 냉장고에 넣어 몇 시간 두었다가 표면에 굳은 기름을 조심스레 걷어 버린다.

생선 육수

BRODO DI PESCE

🌿 🗄 🧳

생선을 요리하면서 육수 만들기에 딱 좋은 부위인 대가리나 뼈를 버리는 경우가 너무 많다. 재료를 낭비하지 않도록 생선을 살 때 대가리와 뼈도 꼭 따로 챙겨 달라고 부탁한다. 생선 육수로는 쌀 수프나 해산물 리소토를 끓일 수 있다.(144쪽 참조)

●

1.5L 분량
준비: 10분
조리: 30분~1시간

●

생이탈리안 파슬리 1줄기
생타임 1줄기
양파 1개, 굵게 썬다
당근 1개, 얇게 썬다
셀러리 줄기 1대, 얇게 썬다
통후추 1큰술, 살짝 부순다
흰살 생선 또는 흰살 생선의 대가리와 뼈 1kg, 아가미는 버린다
소금

큰 냄비에 물 2L를 붓고 허브, 양파, 당근, 셀러리, 통후추를 넣은 뒤 소금으로 간한다. 서서히 온도를 올려 가며 끓인다. 끓으면 불을 줄이고 30분 보글보글 끓인다.

불을 끄고 식힌 뒤 생선(물에 딱 잠겨야 한다.)을 넣고 다시 끓인다. 끓기 시작하면 온도를 낮춰 20분 보글보글 끓인다. 뼈와 대가리만으로 육수를 낸다면 30분 끓인다.

육수에서 생선 맛이 더 나도록 불을 끄고 그대로 식힌다. 다 식은 육수를 체에 걸러 대접에 담고 생선과 채소는 버린 뒤 상온에서 완전히 식혔다가 냉장고에 넣는다.

채소 육수

BRODO DI VERDURE

❀ ✿ ◊ ⌂ ⬭

끓이기는 아주 간단하지만 좋은 채소를 써야 육수가 맛있다. 그러므로 싱싱한 제철 채소가 정답이다. 붙박이 재료가 따로 있는 것이 아니다. 거의 모든 채소로 맛을 낼 수 있다. 특히 그냥 먹기에는 질긴 부위를 쓰면 재료 낭비가 적다. 허브나 향신료는 입맛에 따라 더한다.

●

1.5L 분량
준비: 15분
조리: 30분

●

감자 2개, 굵게 썬다
양파 2개, 굵게 썬다
서양대파 2대, 다듬어 굵게 썬다
당근 2개, 굵게 썬다
순무 2개, 굵게 썬다
셀러리 줄기 1대, 굵게 썬다
방울토마토 3개, 굵게 썬다
소금

큰 냄비에 물 2L를 담고 각종 채소를 넣은 뒤 소금으로 간한다. 서서히 온도를 올려 끓인 뒤 육수가 끓으면 불을 줄이고 20분 보글보글 끓인다.

불을 끄고 조금 식힌다. 육수를 체에 내린 뒤 숟가락으로 채소를 눌러 최대한 국물을 짜내고 채소는 버린다. 육수가 완전히 식으면 냉장고에 넣는다.

세이지 버터

버터와 세이지 잎으로 간단하지만 맛있게 만들 수 있는 레시피가
있다. 세이지 버터는 시금치와 리코타 라비올리(132쪽 참조)나 단호박
토르텔리(134쪽 참조)처럼 속을 채운 파스타나 뇨키에 완벽하게 어울린다.
로마노(페코리노)나 파르미지아노 치즈를 갈아 솔솔 뿌리면 그대로
요리가 마무리된다. 생선이나 브로일러 혹은 그릴에 구운 고기의 맛도
풍부하게 해 준다.

●

100ml 분량
준비: 5분
조리: 5~8분

●

버터 110g
생세이지 잎 15장
소금

팬에 버터를 넣고 약불에 올려 버터를 녹인다. 버터의 색이 노릇해지면
세이지 잎을 넣고 소금으로 간한다. 세이지 잎이 바삭해지면 불을 끈다.

정제 버터

정제 버터는 짠맛과 단맛이 나는 음식 모두에 쓸 수 있다. 버터를 달궈 수분이 증발하고 카제인이 분리되면 발연점이 높아지므로 굽기가 좋아진다.

•

750ml 분량
준비: 10분
조리: 1시간

•

버터 1kg

내열 대접에 버터를 담고 물이 끓을락말락하는 냄비 안에 대접째 넣어 1시간 데운다. 버터의 수분이 날아가고 갈색의 유고형분(카제인)이 대접의 바닥에 깔리면, 면포를 두른 체에 버터를 내려 액체만 걸러 낸다. 유리병에 담아 뚜껑을 덮어 냉장고에 보관한다. 일반 버터 대신 쓴다면 양을 반으로 줄인다.

두고 먹는
토마토 소스

SALSA DI POMODORO

⚘ ❀ ⚗ ⌷ ▦ ⌸

토마토는 이탈리아 요리 세계의 위대한 주연이지만 제철인 여름에만 맛있다. 철이 아닐 때에는 시판 토마토 소스를 쓸 수도 있지만 제철 토마토로 소스를 만들어 두었다가 쓰면 훨씬 낫다. 사시사철 두고 쓸 수 있는 맛있는 토마토 소스 레시피를 소개한다.

●

4병 분량(각 500ml)
준비: 10분, 식히기 별도
조리: 50분

●

잘 익은 산 마르차노 토마토 3kg
바질 1단(선택 사항)

토마토를 깨끗이 씻은 뒤 끓는 물에 넣어 1분가량 데친다. 데친 토마토를 꺼내 껍질을 벗기고 반 가른다. 씨를 버리고 채소 푸드 밀이나 체에 내린다.

소스가 된 토마토를 팬에 넣고 불에 올려 걸쭉해질 때까지 20분가량 끓인다. 취향에 따라 바질을 더한다.

토마토 소스를 멸균된 유리병에 담고 뚜껑을 닫아 밀봉한 뒤 끓는 물에 30분 담가 둔다. 꺼내 찬물에 식힌 뒤 서늘한 장소에 보관한다.

생토마토 소스

SUGO DI
POMODORO

❀ ❀ ☂ 🖌 👜

제철이 아니라면 통조림 토마토를 사용해도 무방하다. 팬에 올리브기름을 두르고 마늘을 볶은 다음 토마토를 넣어 익히거나, 더 나아가 볶은 양파, 셀러리, 당근의 전통적인 소프리토로 맛을 내도 좋다. 어떤 파스타나 고기, 생선, 해산물과 함께 낼 수 있다.

●

4인분
준비: 15분, 식히기 별도
조리: 30~45분

●

올리브기름 2큰술
토마토 큰 것 4개, 껍질 벗기고 썬다
또는 통조림 토마토 550g
설탕 크게 1자밤
마늘 2쪽, 껍질 벗긴다
생바질 잎 10장, 찢는다
소금

올리브기름을 깊은 팬에 붓고 불에 올린다. 토마토(통조림을 쓸 경우 국물까지)와 설탕, 마늘, 바질, 소금 1자밤을 더한다. 중불에서 종종 저으며 30~45분가량 끓인다. 소스가 살포시 보글보글 끓도록 불을 조절한다.

나무 숟가락으로 토마토와 마늘을 으깬다. 팬을 불에서 내려 식힌다. 고운 소스가 필요하다면 푸드 밀이나 체에 한 번 내린다.

베샤멜 소스

BESCIAMELLA

화이트 소스라고도 불리는 베샤멜 소스는 버터, 밀가루, 우유만으로
만들 수 있다. 쓰임새도 많고 두루 어울려 가장 많이 활용하는 소스인
베샤멜의 기원은 정확하지 않다. 오랫동안 루이 16세 왕조의 미식가
루이 드 베샤멜이 고안한 프랑스의 산물이라 여겨 왔지만, 아무래도 베샤멜
소스는 카트린 드 메디치에 의해 16세기 토스카나에서 프랑스로 건너간
이탈리아 음식 같다. 세이지 잎과 껍질을 벗긴 작은 샬롯을 우유에 넣어
끓이다가 버터와 밀가루를 섞기 전에 건져 내면 베샤멜 소스에 향이 깃든다.
그라탕이나 수플레, 스터핑에 쓸 수 있다.

●

4인분
준비: 5분
조리: 25분

●

버터 50g
중력분 25g
우유 500ml
갓 갈아 낸 너트메그 1자밤(선택 사항)
소금과 후추

중불에 버터를 넣은 팬을 올린다. 버터가 녹으면 팬을 불에서 내리고
밀가루를 더한 뒤 거품기로 섞어 매끈한 페이스트를 만든다.

우유를 조금씩 부으면서 나무 숟가락으로 섞는다. 섞을 때마다
소스가 멍울지지 않고 매끄러운지 확인한다.

우유를 다 섞으면 팬을 중간-센불에 올려 끓기 시작할 때까지 계속 젓는다.
소금으로 간하고 불을 낮춘 뒤 뚜껑을 덮어, 적어도 20분 동안 약불에서
보글보글 끓인다. 소스가 흘러내리지 않고 숟가락의 등에 막을 입힐
정도로 걸쭉해져야 한다.

팬을 불에서 내리고 맛을 본 뒤 소금으로 간을 하고
후추와 너트메그를 더한다.

우유의 절반을 크림으로 대체하면 더 진한,
물로 대체하면 더 가벼운 베샤멜 소스가 된다.

베어네이즈 소스

SALSA BERNESE

🌿 ⚘ ①

베어네이즈는 원래 프랑스 소스이지만 이탈리아에서 오랜 세월 동안 열정적으로 써 왔다. 대부분의 프랑스 고전 소스처럼 베어네이즈 소스도 주재료인 버터를 중심으로 다른 재료를 더해 만든다. 구하기 쉽고 꽤 저렴한 재료로 만들 수 있는, 맛있고도 섬세한 소스이다. 브로일러나 그릴, 혹은 꼬챙이에 꿰어 구운 고기부터 아스파라거스나 깍지콩, 애호박처럼 찐 채소에 두루 잘 어울린다.

●

4인분
준비: 20분
조리: 10~15분

●

화이트 와인 식초 100ml
샬롯 4개, 다진다
생타라곤 잎 2큰술
달걀노른자 3개분
레몬즙 1큰술, 거른다
버터 200g, 녹인다
카이엔 고춧가루 1자밤
소금

식초를 스테인리스 스틸팬에 붓는다. 샬롯, 타라곤, 소금 1자밤을 더한다. 중불에 올려 반 이하로 졸인다. 체에 거른 뒤 조금 식힌다.

달걀노른자에 물 1작은술을 더해 가볍게 푼 뒤 식힌 식초에 섞고 레몬즙을 더한다. 전체를 내열 대접에 담아 끓을락말락하는 물이 담긴 팬 위에 올린 뒤 부피가 늘 때까지 거품기로 계속 젓는다. 녹은 버터를 넣고 소스가 걸쭉해질 때까지 거품기로 섞는다. 카이엔 고춧가루로 간한다.

홀랜다이즈
소스

SALSA
OLANDESE

매력이 없는 요리도 좋은 소스를 만나면 근사해진다. 홀랜다이즈는
프랑스 요리의 기본 소스이지만 이탈리아에서도 흰색 고기나 섬세한 생선,
찐 채소, 달걀 요리에 사용한다. 만들기 쉬운 소스는 아니지만 레시피를
따라 하다 보면 숙달할 수 있다. 완벽한 홀랜다이즈 소스를 만들려면
일단 대접 밑에 까는 물이 절대 끓어서는 안 되며, 버터는 아주 작게 나눠
한 쪽씩 넣어 끝까지 거품기로 젓는 것을 멈추어선 안 된다. 브로일러나
그릴에 구운 고기나 삶은 생선에 곁들인다.

●

4인분
준비: 5분
조리: 20분

●

달걀노른자 3개분
버터 200g, 부드러워질 때까지 상온에 두었다가 여러 쪽으로 썬다
레몬즙 ½개분, 거른다

달걀노른자를 내열 대접에 담고 물 3큰술을 더해 푼다.
대접을 끓을락말락하는 물이 담긴 팬 위에 올려 거품기로 젓는다.

버터를 한 쪽씩 더하며 소스가 걸쭉해지고 거품이 올라올 때까지
거품기로 15분가량 젓는다. 불에서 내린 뒤 레몬즙을 섞는다.

마요네즈

♧ ♤ ⌂ ⊞ ⊡ ⊘

마요네즈는 아마 전 세계에서 가장 많이 사랑받고 많이 먹는 소스일
것이다. 기성품을 써도 되지만 조리 난이도가 높지 않아서 쉽게 만들 수
있기 때문에 직접 만든 마요네즈의 맛을 음미할 수 있다. 몇 가지 요령을
살펴보면, 일단 달걀은 상온에 둔 것을 쓴다. 그리고 기름과 레몬즙은
한 방울씩 천천히 더한다. 올리브기름을 쓰면 마요네즈에서 강렬한 맛이,
식용유를 쓰면 섬세한 맛이 난다. 마요네즈에 멍울이 지면 달걀노른자
하나를 추가로 더해 거품기로 천천히 섞는다. 삶거나 통구이한 고기,
날 것이나 익힌 채소에 곁들이거나 음식 위에 끼얹어 낸다.

●

250ml 분량
준비: 20분

●

달걀노른자 2개분 또는 달걀노른자 1개분과 달걀 1개(소개글 참조)
머스터드 가루 ½작은술
식용유 200ml 또는 올리브기름 75ml과 식용유 125ml
거른 레몬즙 또는 화이트 와인 식초 2큰술
소금과 백후추

손으로 마요네즈를 만든다면 일단 달걀노른자를 작은 대접에 담는다.
나무 숟가락으로 머스터드 가루를 넣어 섞고 소금 1자밤과 백후추로
간한다.

기름을 한 방울씩 더하며 작은 거품기나 나무 숟가락으로 계속 젓다가
걸쭉해지면 레몬즙이나 식초 한 방울을 더한다. 계속 잘 섞으며 기름을
더한다.

표면에 기름층이 생기면 레몬즙이나 식초를 몇 방울 더한 뒤 없어질
때까지 계속 휘저어 섞는다. 맛을 보고 입맛에 따라 조정한다.
마요네즈가 너무 기름지다면 소금을 더하고 냉장 보관한다.

푸드 프로세서를 사용하여 마요네즈를 만든다면 달걀노른자와 달걀,
머스터드 가루를 푸드 프로세서에 담고 소금과 백후추로 간한 뒤 기름
2큰술, 레몬즙이나 식초 한 방울을 더한다. 최고 속도로 몇 초 동안 돌린다.

계속 돌아가는 가운데 투입구로 기름의 반을 흘려 넣는다. 레몬즙이나
식초 1작은술을 더하고 남은 기름을 똑같이 더한다. 모든 재료가 섞이면
간을 조정하고 입맛에 따라 레몬즙이나 식초를 더한 뒤 냉장 보관한다.

타르타르 소스

SALSA TARTARA

요즘은 시간을 절약하고자 기성품 마요네즈에 진주 양파, 파슬리, 식초를 더해 타르타르 소스를 만든다. 손수 마요네즈를 만들었다면(41쪽 참조) 나머지 재료를 더해 비슷한 소스를 만들 수 있다. 하지만 여기에 소개한 레시피대로 만든 것과는 좀 달라진다. 차가운 고기나 삶은 생선에 곁들인다.

●
4인분
준비: 45분
●

완숙 달걀노른자 3개분
달걀노른자 1개분
진주 양파 2개, 곱게 다진다
다진 생이탈리안 파슬리 잎 2~3큰술
올리브기름 200ml
화이트 와인 식초 4큰술
다진 생타라곤 1큰술(선택 사항)
소금과 후추

삶은 달걀노른자와 날달걀노른자를 대접에 담은 뒤 함께 매끈하고 고르게 으깬다. 소금과 후추로 간하고 양파와 파슬리를 더해 섞는다.

거품기로 계속 저으며 올리브기름을 한 방울씩 더한다. 소스가 걸쭉해지기 시작하면 식초를 약간 넣어 거품기로 섞는다. 계속 저으며 올리브기름과 식초를 번갈아가며 넣는다. 타라곤을 더하면 맛이 더욱 강렬해진다.

살사 베르데

SALSA VERDE

⚘ 🔒 🧳

살사 베르데를 직접 만들 때는 기름을 아주 천천히 넣어야 분리되지 않는다.
살사 베르데는 타르타르 소스와 비슷하지만 감자와 삶은 달걀노른자
덕분에 좀 더 걸쭉하다. 삶은 고기나 차게 먹는 생선에 곁들인다.

●

4인분
준비: 30분, 담가두기 10분 별도
조리: 15분

●

감자 작은 것 1개, 껍질 벗기지 않는다
완숙 달걀노른자 1개분
염장 안초비 4쪽, 찬물에 10분 담갔다 건진다
또는 통조림 안초비 4쪽, 물에 씻는다
생이탈리안 파슬리 ½다발, 잎만 쓴다
마늘 작은 것 1쪽, 껍질 벗긴다
다진 딜 오이 피클(게르킨) 2큰술, 물에 씻는다
올리브기름 200ml
화이트 와인 식초 1큰술
소금과 후추

소금으로 살짝 간한 끓는 물에 감자를 넣은 뒤 감자가 부드러워질 때까지
15분가량 삶는다. 감자를 건져 껍질을 벗긴다. 감자가 뜨거울 때 대접에
담아 포크로 잘 으깬다. 달걀노른자를 넣어 으깬 감자와 잘 섞는다.

키친타월로 씻은 안초비의 물기를 닦은 뒤 파슬리, 마늘, 딜 피클과
곱게 다진다. 감자에 더해 잘 섞는다.

거품기로 계속 저으며 올리브기름을 한 방울씩 더한다. 찬물 1큰술을
더하면 소스가 묽어진다. 아니면 올리브기름을 뺀 나머지 재료를
푸드 프로세서에 넣어 곱게 간 뒤 계속 돌리며 올리브기름을 주입구로
흘려 넣어 마요네즈처럼 걸쭉한 소스를 만든다. 물 1큰술을 더하면
소스가 묽어진다. 소금과 후추로 간하고 식초를 더해 섞는다.

사과 소스

SALSA ALLE MELE

☙ ⵀ ⬚

고기, 특히 돼지나 거위, 오리에 곁들여 먹는 짠맛 중심의 소스이다.
느끼함을 중화시키고 단맛과 신맛도 내므로 예로부터 기름기가 많은
고기는 과일과 짝지어 주었다.

●

4인분
준비: 15분
조리: 20분

●

사과 2개, 껍질 벗기고 씨를 발라 얇게 썬다
버터 25g
레몬즙 1개분, 거른다
생크림 3큰술
호스래디시 1큰술(선택 사항)
소금과 후추

중간 크기의 팬에 물을 2cm 깊이로 붓는다. 사과를 넣은 뒤
중불에 팬을 올려 나무 숟가락으로 가끔 저으며 아주 물러질 때까지
15분가량 익힌다.

버터, 레몬즙, 생크림을 살포시 더해 섞고 소금과 후추로 간한다.
호스래디시를 더해 섞어 낸다.

폴렌타

폴렌타는 감자와 더불어 몇 세기 동안 이탈리아, 특히 북부 산악 지역의
붙박이 음식이었다. 폴렌타는 원래 옥수수 가루로 만들지만 메밀 가루로,
아니면 둘을 섞어서 만들 수도 있다. 물의 양과 조리에 따라
빽빽할 수도(북부) 부드러울 수도(중부) 있다. 스튜, 생선 요리 또는
고르곤졸라 같은 치즈에 폴렌타를 곁들인다. 남은 폴렌타는 다음 날 썰어
버터에 지져 먹는다.

❀ ❀ ❀ 🥛 🍲 🧺

●

4~6인분
조리: 45분~1시간
폴렌타는 오래 끓일수록 소화가 잘된다

●

물 1.75L
소금 1작은술
폴렌타 가루 500g
(물의 양은 폴렌타 가루의 상태에 따라 조절한다.)

큰 팬에 물을 끓이고 소금으로 간한다. 만약을 대비해 다른 팬이나
주전자에 물을 팔팔 끓여 둔다.

끓는 소금물을 계속 저으며 폴렌타 가루를 솔솔 넣어 끓인다.
45분에서 1시간가량 걸릴 것이다.

폴렌타가 걸쭉해지면 끓여 둔 뜨거운 물을 한 방울씩 떨어트려 섞는다.
그러면 다시 묽어진다. 열로 걸쭉해진 폴렌타에 물을 부어 농도를
조절하기, 이것이 바로 맛있는 폴렌타를 끓이는 비결이다.

기본 빵 반죽

PASTA DA PANE

❀ ◊ ▯ ▦ ▭

그저 몇 가지 간단한 재료만으로 만들 수 있으니 빵은 많은 미식 문화에서 흔한 음식이다. 이탈리아의 요리 세계에서는 전통적으로 빵이 빠진 끼니란 생각할 수조차 없었다. 만들기 쉬우므로 빵을 굳이 살 필요도 없다. 소개하는 빵 반죽은 여러 레시피에 쓸 수 있다. 흰색 밀가루로는 기본인 흰 빵을 구울 수 있지만 통밀, 호밀, 메밀, 스펠트밀 등 여러 곡식의 가루로 실험해 보거나 반죽의 물에 기름이나 우유를 더해 다채로운 반죽을 만들어 볼 수도 있다.

●

작은 빵 2덩이 분량
준비: 20분, 발효 및 성형 2시간 45분 별도
조리: 30분

●

생이스트 20g
또는 활성 건조 이스트 1작은술
'0' 혹은 강력분 600g
설탕 1작은술
엑스트라 버진 올리브기름 2큰술
소금 1작은술

이스트를 대접에 담고 밀가루 40g, 설탕, 물 4큰술을 더한다. 잘 섞은 뒤 깨끗한 행주로 덮어 이스트가 거품을 일으킬 때까지 20분가량 둔다.

남은 밀가루를 깨끗한 작업대에 체로 내리고 가운데에 우물을 판 뒤 이스트와 올리브기름을 붓고 언저리에 소금을 솔솔 뿌린다. 미지근한 물 175ml를 더해 반죽을 만든다. 반죽을 손가락으로 늘렸다가 반 접어 손바닥으로 누르기를 되풀이해 적어도 10분가량 치댄다. 종종 반죽을 작업대에 내려쳐 글루텐을 발달시킨다.

반죽을 둥글게 빚어 기름을 살짝 두른 큰 대접에 담고 가운데에 십자 모양으로 칼금을 넣은 뒤 깨끗한 행주로 덮는다. 따뜻한 곳에서 적어도 2시간가량 1차 발효시킨다.

이렇게 준비한 반죽은 레시피에 맞춰 쓰거나 2차 발효를 거쳐 빵을 굽는다.

반죽을 가볍게 눌러 공기를 빼고 반으로 가른다. 1L들이 제과제빵팬 2개에 기름을 가볍게 바르고 각각의 반죽을 담는다. 행주로 덮어 45분 동안 2차 발효를 시킨다.

2차 발효를 시키는 동안 오븐을 200℃로 예열시킨다.

각 반죽의 표면을 날카로운 칼로 그은 뒤 30분가량 굽는다. 빵을 오븐에서 꺼내 10분 두었다가 팬을 뒤집어 꺼낸다. 완전히 식힌 뒤 썬다.

기본 빵 반죽

기본 피자 반죽

PASTA PER LA PIZZA

밀가루는 반죽의 맛과 질감 모두에 영향을 준다. 즉, 반죽(도우)이 맛있어야 피자도 맛있다. 밀가루에 물을 더해 치대면 단백질은 글루텐이 발달하면서 빵 반죽의 탄성이나 피자의 씹는 맛을 풍부하게 만든다. 이탈리아의 붙박이 밀가루인 '0'이나 '00'을 쓰는 레시피를 소개하지만 없다면 피자의 두께에 상관없이 중력분을 사용할 수 있다. 반죽이 잘 찢어지지 않으니 강력분도 쓸 수 있지만 글루텐 함량이 높아 반죽을 얇게 펴기가 어렵다.

큰 피자 2판 분량
준비: 30분, 발효 및 성형 3시간 별도
조리: 20분

생이스트 20g
또는 활성 건조 이스트 1작은술
설탕 1작은술
이탈리아 '0' 밀가루 350g
이탈리아 '00' 밀가루 150g
소금 1¼작은술
엑스트라 버진 올리브기름 2큰술

이스트를 대접에 담고 미지근한 물 150ml와 설탕을 넣어 녹인다. 깨끗한 작업대에서 밀가루를 대접에 체로 쳐 내리고 가운데에 우물을 판 뒤 언저리에 골을 내 소금을 솔솔 뿌린다. 물에 녹인 이스트와 올리브기름, 물 150ml를 우물에 붓는다.

부드러운 반죽을 만들어 매끈해질 때까지 치댄다. 둥글게 빚어 기름을 살짝 두른 큰 대접에 담고 랩으로 덮어 따뜻한 곳에서 2시간가량 1차 발효를 시킨다.

반죽을 가볍게 눌러 공기를 빼고 물기를 살짝 적신 수건으로 감싸 1시간 더 발효시킨다.

레시피에 맞춰 피자를 굽는다.

달걀 생파스타

PASTA FRESCA ALL’UOVO

사람들은 종종 조리 기술이 좋고 섬세해야 집에서 파스타를 만들 수 있을 거라 생각하고 엄두를 잘 내지 못한다. 사실 생파스타는 속았다 싶을 정도로 만들기 쉬울 뿐더러 재료도 몇 가지 안 쓴다. 무엇보다 싱싱한 달걀이 핵심이다.

•

생파스타 500g 분량
준비: 20분, 휴지 30분 별도

•

중력분 300g, 가능하다면 이탈리아 ‘00’ 밀가루
달걀 3개
올리브기름 ½작은술

밀가루를 큰 대접이나 페이스트리 작업판에 체로 쳐 내리고 가운데에 우물을 판 뒤 달걀을 깨 담는다. 포크로 달걀을 푼 뒤 올리브기름과 물 ½작은술을 더한다.

우물의 가장자리를 조금씩 넓혀 나가면서 반죽을 만든다. 달걀과 밀가루가 부드러운 반죽으로 어우러지면 손으로 둥글게 빚는다. 매끈하면서도 탄성이 생길 때까지 손으로 반죽을 치댄 뒤 랩으로 싸서 30분 둔다.

파스타 제조기를 사용한다면 반죽을 4등분해 각각을 길이 10cm, 폭 5cm로 누른다. 제조기를 가장 두꺼운 세팅에 맞추고 누른 반죽을 민다. 한 단계씩 서서히 세팅을 낮춰 가며 원하는 두께가 될 때까지 민다.

밀대를 사용한다면 밀가루를 가볍게 두른 작업대에 반죽을 올린 뒤 반죽을 45도씩 돌려가며 밀대로 한 번씩 민다. 일정한 두께의 얇은 원판이 될 때까지 반죽을 되풀이해 민 뒤 원하는 모양으로 자른다.

레시피에 맞춰 준비된 면으로 파스타를 만든다.

오레키에테

ORECCHIETTE

오레키에테('작은 귀'라는 뜻)는 풀리아의 대표 파스타이다. 풀리아 사람들은 각 가정에서 세몰리나와 일반 밀가루를 1:2의 비율로 섞고 샘물로 반죽해 만드는 오레키에테에 자부심을 품고 있다. 작은 동전 모양 반죽의 가운데를 버터 나이프로 누른 채로 밀어 작은 귀 모양으로 빚은 뒤 엄지손가락으로 모양을 완전히 잡아 주는 과정이 오레키에테의 핵심이다. 귀처럼 가운데가 오목하게 파인 덕분에 소스가 더 잘 달라붙는다. 오레키에테는 라구나 토마토 소스와 내도 좋지만 브로콜리가 고전적인 짝이다.(122쪽 참조)

●

4인분
준비: 35분

●

중력분 200g, 가능하다면 이탈리아 '00' 밀가루
세몰리나 100g
소금 1자밤

밀가루, 세몰리나, 소금을 깨끗한 작업대에 산처럼 쌓는다. 가운데에 우물을 판 뒤 따뜻한 물을 더해 단단하고 탄성 있는 반죽을 빚는다. 잘 치댄 뒤 지름 2.5cm짜리 원통으로 빚는다.

반죽을 1.25cm 길이로 썬 뒤 나무 작업대나 도마에 올린다. 버터 나이프로 한 점씩, 반죽의 가운데를 누른 채로 몸의 바깥쪽에서 안쪽으로 천천히 당기면 작은 껍데기 모양을 이룬다. 가운데가 좀 더 솟아오르도록 반죽을 뒤집어 엄지손가락 끝에 올리고 작업대에 누른다.

레시피에 맞춰 오레키에테를 삶아 파스타를 만든다.

리소토

RISOTTO

쌀은 세계적으로 인기를 누리는 곡식이지만 특히 이탈리아에서는 리소토의 재료로 매우 중요하다. 리소토의 질감은 지역마다 다양하지만 조리법은 언제나 같다. 레시피 자체가 조금씩 다를지언정 언제나 팬에 기름이나 버터를 약간씩 더해 약불에서 녹인 뒤 쌀을 볶아야 한다. 그리고 뜨거운 육수를 한 국자씩 더해 섞으며 익힌다. 아르보리오나 카르나롤리처럼 리소토에 맞는 품종의 쌀을 써야 전분이 배어 나오면서 크림처럼 매끈하고 부드러운, 완벽한 리소토를 맛볼 수 있다.

🌾 🌶 🍲 ◐

4인분
준비: 15분
조리: 30분

채소 육수(33쪽 참조) 1L
버터 40g
양파 ½개, 곱게 다진다
리소토용 쌀 250g
갓 갈아 낸 파르미지아노 치즈 40g

육수를 팬에 넣고 끓인다. 부글부글 끓어 넘치지 않도록 불을 조절한다. 육수가 너무 차가우면 전분이 굳어 리소토가 풀처럼 끈끈해지므로 조리 과정 내내 잘 관리한다.

육수가 끓는 사이 버터 25g을 프라이팬에 넣어 약불에서 녹이고 양파를 더해 가끔 뒤적이며 반투명해질 때까지 5분가량 볶는다.

버터에 쌀을 더해 각각의 알갱이에 지방이 잘 입혀질 때까지 2~3분 뒤적이며 볶는다.

뜨거운 육수 한 국자를 버터에 부어 쌀에 완전히 흡수될 때까지 젓는다. 육수를 다 쓸 때까지 한 국자씩 더해 되풀이한다. 15~20분가량 걸린다. 쌀에서 배어 나온 전분이 육수에 유화되어야 리소토의 질감이 크림처럼 매끈해진다.

쌀이 부드럽게 익으면 프라이팬을 불에서 내려 남은 버터와 파르미지아노 치즈를 더해 잘 섞는다. 5분 두었다가 낸다.

양파를 볶은 뒤에 꺼내 버리고 쌀을 볶아 리소토를 끓이면 맛이 좀 더 가벼워진다. 육수를 붓기 직전에 화이트 와인 ½컵을 더할 수도 있고 물 대신 고기 육수나 생선 육수를 쓸 수도 있다. 물론 다른 여러 채소를 더해 쌀과 함께 끓일 수도 있다.

파이 반죽
(숏크러스트 페이스트리)

PASTA FROLLA

♢ 🧳

이 페이스트리 반죽은 굽고 나면 너무 단단하거나 무르지 않고,
잘 부스러지면서도 입에서 살살 녹는다. 깍둑썬 차가운 버터를 냉장고에서
바로 꺼내 밀가루에 더하여 섞다가 반죽과 잘 어우러지면 섞기를 멈춘다.
페이스트리를 자주 굽는다면 한꺼번에 많이 만든 뒤 소분해 냉동 보관한다.
휴지가 끝난 반죽은 유산지 두 장 사이에 끼워 밀대로 얇게 편 뒤 윗면의
종이를 떼어 내고 그대로 팬에 옮겨 담는다. 반죽은 레시피에 소개했듯
바닐라나 레몬 제스트를 밀가루에 더해 맛을 보탤 수 있다.

●

450g 분량
준비: 5분, 휴지 30분 별도

●

중력분 300g
바닐라빈 1깍지
설탕 80g
차가운 버터 150g, 깍둑썬다
달걀 1개
달걀노른자 2개분
소금

밀가루를 푸드 프로세서에 담는다. 작은 칼로 바닐라빈을 길이 방향으로
반 가르고 속의 씨를 긁어낸다. 푸드 프로세서에 바닐라빈, 설탕, 소금
1자밤, 버터를 넣는다. (초콜릿 파이 반죽을 만들 때는 무가당 코코아 가루 50g을
설탕과 함께 체에 내려 밀가루에 더한다.)

밀가루와 버터가 한데 어우러져 빵가루 같아질 때까지 푸드 프로세서를
돌린 뒤 달걀과 달걀노른자를 더한다. 반죽이 뭉쳐지기 시작하면
푸드 프로세서를 끈다.

반죽을 랩으로 싸서 냉장고에 넣어 30분 이상 둔다.

레시피에 맞춰 반죽을 쓴다.

제누아즈
스펀지 케이크

PASTA GENOVESE

제누아즈 스펀지 케이크 기본 레시피 하나로 여러 가지 케이크를 만들 수 있다. 달걀을 쓰는 반죽은 중탕기(뱅마리에)에서 거품기로 휘저어 올리면 더 가볍고 잘 부풀어 오른 케이크를 구울 수 있다. 달걀은 설탕과 더해 아주 낮은 온도에서 거품기로 휘저어 올려야 멍울이 지지 않는다. 상온보다 살짝 더 높은 온도여야만 공기가 섞이면서 케이크가 최대한 가벼워진다.

6인분
준비: 20분
조리: 35분

녹인 무염 버터 50g, 바를 것 별도
체에 내린 중력분 120g, 두를 것 별도
달걀 5개, 흰자 노른자 분리한다
백설탕 150g
소금

오븐을 180℃로 예열한다. 지름 25cm 스프링폼 케이크팬에 버터를 바르고 밀가루를 가볍게 두른다.

달걀과 설탕을 내열 대접에 담아 끓을락말락하는 물이 담긴 팬 위에 올린다. 반죽이 걸쭉해져 띠를 이루며 흐를 때까지 거품기로 5~10분가량 휘저어 올린다.

대접을 내려 2분 더 거품기로 휘저어 올린 뒤 위에 밀가루를 체에 내려 올리고는 살포시 포개듯 섞는다.

녹인 버터를 반죽의 가장자리를 따라 부은 뒤 역시 살포시 포개듯 섞는다.

준비한 케이크팬에 반죽을 떠 담고 표면을 매끄럽게 고른다. 오븐에 케이크팬을 넣어 반죽의 표면이 노릇해지고 가장자리가 팬으로부터 살짝 떨어질 때까지 35분가량 굽는다.

오븐에서 케이크팬을 꺼내 식힌 뒤 뒤집어 케이크를 꺼낸다. 수평으로 썰어 좋아하는 소를 바르고 다시 겹친다.

커스터드

CREMA INGLESE

고전적인 커스터드는 쿠키에 차갑게 곁들여 간단한 디저트로 그냥 먹을 수도, 다른 디저트의 소스로 곁들일 수도, 케이크 혹은 다른 디저트에 쓸 수도 있다. 바닐라 설탕은 시판용을 사면 향이 더 강하겠지만 직접 만들어 쓰는 게 바람직하고 비용도 절약할 수 있다. 바닐라빈 깍지를 유리병에 담고 설탕으로 채운 뒤 밀봉해 서늘한 곳에 둔다. 그렇게 설탕이 자연의 섬세한 바닐라 향을 빨아들인다.

•

6인분
조리: 20분

•

우유 500ml
바닐라 설탕 1큰술(소개글 참조)
달걀노른자 4개분
백설탕 130g

팬에 우유를 붓고 바닐라 설탕을 더해 섞은 뒤 불에 올려 온도를 올린다. 끓기 시작하면 바로 불에서 내린다.

다른 팬에 달걀노른자를 담고 백설탕을 더해 색이 연해지며 부풀어 오를 때까지 거품기로 휘저어 올린 뒤 서서히 뜨거운 우유를 붓는다.

아주 약한 불에 팬을 올려 커스터드가 숟가락의 등에 흘러내리지 않는 막을 입힐 정도로 걸쭉해질 때까지 계속 휘저으며 익힌다. 부글부글 끓어서는 안 된다. 팬을 불에서 내려 조금 식힌다.

페이스트리 커스터드

CREMA PASTICCIERA

비녜(크림 퍼프)나 카노니치(크림 혼)를 포함해 다양한 페이스트리와
케이크에 쓸 수 있는 커스터드 레시피를 소개한다. 밀가루를 더해 좀 더
걸쭉하고, 섬세한 맛도 전통적인 커스터드보다는 조금 떨어진다.
밀가루는 멍울이 지지 않도록 고르게 섞어야 한다. 커스터드가 식으면서
표면에 막이 생기지 않도록 랩을 씌워 얼음물로 중탕한다. 커피, 코코아,
또는 바닐라를 넣어 풍미를 더할 수 있다.

●

750ml 분량
조리: 10분, 식히기 별도

●

달걀노른자 4개분
백설탕 100g
중력분 25g
우유 500ml
바닐라 추출액 몇 방울 또는 레몬 제스트 1작은술

팬에 달걀노른자를 담고 설탕을 더해 색이 연해지고 부풀어 오를 때까지
거품기로 휘저어 올린다. 밀가루를 천천히 더해 완전히 섞는다.

다른 팬에 우유를 붓고 끓기 직전까지 온도를 올린 뒤 바닐라나
레몬 제스트를 더하고 불에서 내린다.

뜨거운 우유를 달걀노른자에 서서히 부어 섞은 뒤 팬을 아주 약한 불에
다시 올려 걸쭉해질 때까지 3~4분 더 익힌다. 커스터드를 대접에 담고
표면에 막이 생기지 않도록 가끔 저으며 식힌다.

헤이즐넛 소스

SALSA DI
NOCCIOLE

페이스트리 커스터드에 구운 헤이즐넛과 브랜디 한 방울을 더하면
헤이즐넛 소스가 된다. 자발리오네나 자발리오네 아이스크림과 특히
잘 어울린다.(292쪽 참조)

●

4~6인분
준비: 10분
조리: 10분

●

껍질 벗긴 헤이즐넛 100g
페이스트리 커스터드(55쪽 참조) 500ml
브랜디 60ml

오븐을 200℃로 예열한다.

헤이즐넛을 쿠키팬에 고르게 펴 담고 오븐에 넣어 10분 굽는다.
이때 노릇해지지 않도록 한다.

구운 헤이즐넛을 깨끗한 행주 한가운데에 올리고 덮은 뒤 문질러
껍질을 벗겨 낸 다음 곱게 부숴 커스터드에 더한다. 마지막으로
브랜디를 더해 섞는다.

캐러멜

ZUCCHERO CARAMELLATO

❀ ❀ ❀ ❀ ❀ ❀

캐러멜은 디저트, 특히 크렘 캐러멜의 틀에 두를 때 쓴다.
물론 아이스크림에 끼얹어 먹어도 좋고 데운 우유와는 찰떡궁합이다.

•

4~6인분
준비: 5분
조리: 30분

•

백설탕 100g

작은 팬을 찬물로 헹군 뒤 설탕과 따뜻한 물 120ml를 담는다.
아주 약한 불에 올려 설탕이 완전히 녹고 노릇하게 색이 변한 뒤
실을 형성할 때까지 계속 휘저으며 끓인다. 길게는 30분까지도 걸릴 수
있다. 캐러멜 상태가 되자마자 불에서 내린다.

체리 프리저브

MARMELLATA DI CILIEGIE

✽ ❀ ◊ ⬠ ⚇ ⬡

프리저브는 어떤 과일로도 만들 수 있다. 그저 과일의 신맛에 따라 설탕의 양만 조절하면 된다. 신맛이 강한 과일은 무게와 같은 비율로 설탕을 더하고, 단맛이 강해질수록 조금씩 덜어 내면 된다. 잘 익은 과일을 잘 씻어 준비하고 필요에 따라 껍질과 씨를 발라내 프리저브를 만든다.

●

4병 분량(각 350ml)
준비: 25분, 재워 두기 3시간 별도
조리: 1시간 30분

●

씨를 발라낸 블랙 체리 2kg
백설탕 1kg
레몬즙 1개분, 거른다

큰 냄비에 체리를 담고 설탕을 부은 뒤 서늘한 곳에 그대로 3시간 둔다.

체리에 레몬즙을 뿌리고 냄비를 중불에 올린 뒤 과일이 익어 고른 농도의 프리저브(잼)가 될 때까지 가끔 저으며 1시간 30분 끓인다. 뜨거울 때 따뜻한 멸균 유리병에 국자로 떠 담아 식힌 뒤 밀봉한다.

레몬 셔벗
(소르베)

SORBETTO AL LIMONE

❀ ✿ ⬙ ⬘ 🍶 ⚙

셔벗(소르베)은 간단한 설탕 시럽에 과일즙이나 퓌레를 섞어 만든다. 하지만 와인이나 리큐어, 보드카 같은 독주를 더해 맛을 낼 수도 있다. 전통을 따르자면 셔벗은 코스에서 요리의 사이에 입을 헹구는 역할을 맡지만 요즘은 대체로 식사의 끝에 먹는다. 얼려 만든 셔벗은 부드러워지도록 냉동고에서 몇 분만 미리 꺼내 둔다.

●

6인분
준비: 10분, 식히기와 얼리기 별도
조리: 20분

●

왁스를 입히지 않은 레몬 3개
백설탕 200g
보드카 50ml(선택 사항)

레몬 1개는 껍질을 아주 얇게 벗겨 둔다.
나머지 레몬과 껍질을 벗긴 레몬 모두 즙을 짠다.

팬에 물 550ml를 붓고 설탕과 벗겨 둔 레몬 껍질을 넣은 뒤 불에 올리고 계속 저어 설탕을 녹인다. 15분 부글부글 끓인 뒤 불에서 내린다. 레몬 껍질은 건져 버리고 시럽은 식힌다.

레몬즙을 체에 내려 시럽에 섞고 보드카를 더한다. 아이스크림 제조기에 부어 20분, 혹은 제조사의 사용법에 따라 저으며 얼린다.

바닐라
아이스크림

GELATO DI CREMA ALLA VANIGLIA

🌿 🌰 🍯

집에서 만드는 바닐라 아이스크림의 핵심 재료는 우유, 달걀노른자, 설탕이다. 이 재료만으로도 바닐라와 초콜릿 아이스크림을 만들 수도, 여러 과일로 맛을 낸 아이스크림을 만들 수도 있다.(62쪽 참조) 뜨거운 우유에 바닐라 대신 곱게 갈아 낸 비터스위트 초콜릿을 더하면 초콜릿 아이스크림의 베이스가 된다. 우유 250ml를 같은 양의 생크림으로 대체하면 아이스크림이 더 진해진다.

•

6인분
준비: 10분, 식히기와 얼리기 별도
조리: 20분

•

우유 750ml
바닐라빈 깍지 1개
달걀노른자 6개분
백설탕 175g

큰 팬에 우유를 담아 불에 올려 끓기 직전까지 온도를 올린 뒤 불에서 내리고 바닐라빈을 더한다.

다른 팬에 달걀노른자와 백설탕을 담아 색이 연해지고 부풀어 오를 때까지 거품기로 휘저어 올린다. 계속 저으며 뜨거운 우유를 서서히 부어 섞는다. 우유가 담겼던 팬을 헹군 뒤 아이스크림 베이스를 담는다.

큰 대접 위에 체를 받쳐 화구(가스레인지, 인덕션 등) 옆에 둔다. 아이스크림 베이스가 담긴 팬을 중불에 올려 나무 숟가락의 등에 흘러내리지 않는 막을 입힐 정도로 걸쭉해질 때까지 계속 저으며 익힌다. 끓어오르지 않도록 주의한다. 팬을 불에서 내린 뒤 체로 내려 대접에 담고 종종 저으며 식힌다.

완전히 식은 베이스를 냉장고에 넣어 차게 두었다가 아이스크림 제조기에 부어 20분가량, 혹은 제조사의 사용법에 따라 저으며 얼린다.

딸기
아이스크림

GELATO ALLA FRAGOLA

❀ ♉

이 레시피를 바탕으로 여러 다른 과일 맛의 아이스크림을 만들 수 있다. 딸기 대신 다른 과일을 퓌레로 갈아 커스터드에 더하면 된다.

●

6~8인분
준비: 30분, 식히기와 얼리기 별도
조리: 15분

●

딸기 600g, 꼭지 도려 낸다
오렌지꽃 물 1큰술
레몬즙 1큰술, 거른다
백설탕 120g
달걀노른자 4개분
생크림 300ml

딸기 소스(선택 사항):
딸기 600g, 꼭지 도려 낸다
플레인 요구르트 120g
백설탕 80g

라즈베리 소스(선택 사항):
라즈베리 300g
백설탕 2큰술
오렌지꽃 물 1큰술

딸기를 블렌더에 담아 퓌레로 갈고 오렌지꽃 물, 레몬즙, 설탕 40g을 더한다.

대접에 달걀노른자와 남은 설탕을 담아 색이 연해지고 거품이 일 때까지 거품기로 휘저어 올린 뒤 생크림을 더한다. 중탕기나 약한 불에 올려(끓어오르지 않도록 주의한다.) 나무 숟가락의 등에 흘러내리지 않는 막을 입힐 정도로 걸쭉해질 때까지 10분가량 익힌다. 상온에서 완전히 식혀 냉장고에 4시간 둔다.

커스터드를 블렌더에 붓고 딸기 퓌레를 더한 뒤 돌려 잘 섞는다. 아이스크림 제조기에 붓고 30분가량, 혹은 제조사의 사용법에 따라 저으며 얼린다.

틀을 찬물에 헹군 뒤 아이스크림을 담아 단단해질 때까지 3시간가량 냉동고에 넣고 얼린다.

딸기 소스를 곁들여 낸다면 블렌더에 딸기, 플레인 요구르트, 설탕, 물 100ml를 넣고 섞은 뒤 냉장고에 넣어 식힌다.

라즈베리 소스를 곁들여 낸다면 라즈베리를 체에 내려 대접에 담은 뒤 설탕과 오렌지꽃 물을 더해 잘 섞는다.

아이스크림을 냉동고에서 꺼내 유리잔이나 작은 접시에 담아 입맛에 따라 딸기 소스 혹은 라즈베리 소스를 끼얹어 낸다.

전채

ANTIPASTI

전채를 일컫는 안티파스토는 라틴어로 '전(前)'을 의미하는 '안테'와 '음식'을 의미하는 '파스토'에서 나왔다. 사실 안티파스토는 이미 로마 시대에 본격적인 식사 전의 요리로 존재했다. 공들여 진한 맛을 불어 넣은 코스에 앞서 채소나 과일 등으로 위장을 준비시켜 놓는 역할이었다. 안티파스토의 전통은 중세에 잊혔다가 16세기에 부활해 이후 계속 인기를 얻어 왔다. 안티파스토의 예술은 18세기에 이르러 고귀하고 부유한 가문에서 완성이 되었는데, 식사의 구조에 핵심 역할을 차지하지 않는 부수적 요소였으므로 부와 지위를 드러내는 수단으로 쓰였다. 그렇지만 이탈리아 요리의 전통으로 브루스케타(80쪽 참조), 크로스티니, 지진 폴렌타(45쪽 참조) 등을 만들어 내는 관습도 있었다. 이런 음식으로 비싼 식재료를 써서 만드는 이후의 코스가 나오기 전에 식욕을 돋웠던 것이다.

안티파스토는 본격적인 메뉴의 '안티시포(anticipo, 전조)'이므로 식사의 시작에 내는 일련의 요리를 일컫는다. 다양한 전채의 세계를 감안한다면 여러 갈래로 분류할 수 있지만 일단 뜨겁고 차가운 음식으로 한 번, 각각 고기, 생선, 채소를 바탕으로 한 음식으로 한 번 더 나눈다.

이탈리아에서는 차가운 전채를 주로 먹는다. 이탈리아식 전채(안티파스토 이탈리아노)라고 불리는 음식은 차가운 가공육과 치즈에 피클, 올리브, 안초비, 기름에 재운 참치 등으로 이루어져 있다. 이런 안티파스토는 이탈리아의 북부와 중부에서, 남부에서는 채소, 갑각류, 생선 안티파스토가 흔하다. 이탈리아의 각 지역 및 거의 모든 도시마다 안티파스토를 내는 각자의 방식이 있다. 그릴 구이 채소, 샐러드, 생채소나 브루스케타 등은 특히 여름에 맛있게 먹을 수 있는 가벼운 전채이다. 아란치니처럼 더 푸짐한 음식을 안티파스토로 내고 싶다면 이후의 코스는 가볍게 준비한다.

어쨌든 안티파스토는 규칙에 크게 얽매여 준비하지 않아도 좋다. 소개하는 레시피의 대부분은 전채는 물론 가벼운 점심이나 주요리와 곁들여 먹을 수 있다. 아니면 주요리의 일부를 적게 만들어 안티파스토로 준비하고 다른, 좀 더 가벼운 주요리와 함께 코스를 구성한다. 양이나 짝을 짓는 음식에 따라 안티파스토도, 주요리도 될 수 있다. 예를 들어 홍합 그라탕(192쪽 참조), 비텔로 토나토(224쪽 참조), 카포나타(272쪽 참조) 약간을 안티파스토로 낸 뒤 다른 주요리를 내는 것이다.

피자(244~253쪽 참조), 짠맛 위주 파이(74, 170, 242쪽 참조), 프리타타(236쪽 참조) 또한 조각 내 핑거 푸드로 나눠 먹으면 안티파스토 역할을 할 수 있다. 피자는 일단 주요리로 분류했지만 작게 나누면 완벽한 안티파스토가 되니 메뉴를 계획할 때 참고한다. 한편 하나의 식사에서 생선과 고기를 조합하기가 어려우므로 생선 안티파스토는 같은 생선으로 만든 주요리 전에 나오는 반면 채소나 차가운 가공육, 안티파스토 이탈리아노는 어떤 주요리 앞에도 낼 수 있다. 안티파스토 다음 푸짐한 주요리의 규칙을 따르지 않겠다면 고기나 생선, 채소 바탕의 다양한 안티파스토를 좀 더 넉넉히 만들 수도 있다. 한편 소박하지만 푸짐한 끼니를 준비할 때 안티파스토를 내고 싶다면 한 가지만 준비해 조금씩만 낸다. 물론 포카치아나 피아디나 같은 빵은 언제나 식탁에서 음식의 곁들이 역할을 해야 한다는 사실도 잊지 않는다.

요약하자면, 훌륭한 안티파스토 준비의 비밀은 조화이다. 재료와 복잡도, 그리고 상황에 따라 전체의 조화를 염두에 두고 안티파스토를 계획한다.

바냐카우다

BAGNA CAUDA

피에몬테가 고향인 바냐 카우다는 찍어 먹는 소스이다. 식지 않도록 풍듀용과 흡사한 팬에 담아 모두의 손이 닿도록 식탁의 한 가운데에 놓고 날 것, 혹은 은근히 삶은 채소(전통적으로 카르둔)를 찍어 먹는다. 마늘 속의 파란 싹을 들어내고 만들면 맛이 한결 더 섬세해진다.

●

4인분
준비: 1시간
조리: 20분, 휴지 2시간 별도

●

올리브기름 5큰술
버터 80g
마늘 2쪽, 곱게 다진다
염장 안초비(367쪽 참조) 100g, 물에 담갔다가 건진다
흰색 송로버섯 작은 것 1개, 아주 얇게 저민다

소스팬에 물을 담아 중불에 올려 끓어오르면 불을 줄여 끓을락말락하는 상태로 유지한다. 더 작은 팬에 올리브기름과 버터를 담고 노릇해지지 않을 정도로만 달군 뒤 마늘을 더해 큰 팬의 물 위에 올린다.

안초비를 다져 작은 팬에 넣은 뒤 올리브기름을 더하고 매끄러워질 때까지 나무 숟가락으로 눌러 으깨가며 섞는다. 내기 전에 송로버섯을 더하고 풍듀용 팬이나 접시에 담는다.

세이지 잎
튀김

SALVIA FRITTA
IN PASTELLA

토스카나의 전통 요리인 세이지 잎 튀김의 역사는 르네상스 시대까지
거슬러 올라간다. 안초비 페이스트를 2장의 세이지 잎에 끼워 튀기는
레시피를 소개하지만, 그냥 1장씩 튀겨도 괜찮다.

●

4인분
준비: 25분
조리: 15분

●

중력분 100g
달걀 1개
얼음물 200ml
안초비 스프레드, 잎 2장 사이에 바를 것
세이지 잎 큰 것 20장
튀김용 식용유
소금

밀가루에 소금 1자밤을 더한 뒤 대접에 체로 내려 가운데에 우물을 판다.
우물에 달걀을 깨어 담고 거품기나 나무 숟가락으로 밀가루를 조금씩
섞는다. 매끈하고 묽은 반죽이 될 때까지 거품기로 휘저으며 물을 더한다.

세이지 잎 한 면에 안초비 페이스트를 고루 펴 바르고 2장씩 겹친다.
튀김기나 우묵한 냄비에 기름을 담아 180~190℃, 혹은 하루 묵은 빵이
노릇해지는 데 30초가 걸릴 때까지 달군다.

집게로 2장씩 겹친 세이지 잎을 묽은 반죽에 담갔다가 털어 낸 뒤 예열된
기름에 담근다. 여러 장을 담가 살짝 노릇해질 때까지 튀긴다. 구멍 뚫린
국자로 건져 키친타월에 올려 기름기를 걷어 낸 뒤 뜨거울 때 낸다.

시칠리아식
크로켓

ARANCINI
ALLA SICILIANA

아랍 세력이 시칠리아를 지배하던 시절에는 사프란으로 향을 낸 밥으로
크로켓을 만들었다. 밥을 둥글게 뭉친 뒤 튀기면 휴대와 운반이 쉬웠기
때문이다. 당시에는 유럽에서 토마토를 재배하지 않았지만, 시칠리아의
붙박이 식재료로 자리 잡은 이후로는 밥의 색을 내는 데 비싼 사프란 대신
토마토를 쓰고 있다. 시칠리아는 작은 섬이지만 다양한 크로켓을 맛볼 수
있다. 다른 지역에서는 크로켓을 둥글게 빚지만 유독 동해안에서는 럭비공
모양을 내고는 '수플리'라 일컫는다. 밥 외의 재료도 다양하게 쓰는데, 먹고
남은 리소토와 잘 녹는 치즈만 있으면 어떻게든 만들 수 있다.

•

4인분
준비: 1시간 45분
조리: 20분

•

찐쌀 300g
버터 50g
갓 갈아 낸 파르미지아노 치즈 2큰술
기름기 적은 다진(또는 간) 쇠고기 100g
달지 않은 화이트 와인 100ml
토마토 페이스트(퓌레) 2큰술
모차렐라 치즈 100g, 깍둑썬다
달걀 2개
중력분 50g
튀김용 식용유
소금

소금에 절인 쌀을 끓는 물에 넣고 쌀이 부드러워질 때까지 15~18분
익힌다. 물기를 걸어 내고 대접에 담아 버터 절반과 파르미지아노 치즈를
더해 섞은 뒤 작업대나 그릇에 펴 담아 식힌다.

팬을 불에 올린 뒤 남은 버터를 넣고 쇠고기를 더해 종종 뒤적이며 고루
노릇해질 때까지 볶는다. 와인을 끼얹고 알코올이 날아갈 때까지 끓인다.
토마토 페이스트(혹은 퓌레)를 더해 섞고 뚜껑을 덮어 약불에서 15분 익힌
뒤 소금으로 간하고 불에서 내린다.

식은 밥을 작은 오렌지 크기(그래서 아란치나라는 이름이 붙었다.)의
크로켓으로 빚고 가운데에 구멍을 낸다. 고기 소스 약간과 깍둑썬
모차렐라 치즈 조각을 넣은 뒤 밥으로 덮는다.

한 접시에는 달걀을 깨어 소금 1자밤을 더해 풀고, 다른 접시에는
밀가루를 담는다. 크로켓에 달걀물을 묻히고 밀가루에 굴린 뒤 가볍게
털어 준다.

튀김기나 두툼하고 우묵한 냄비에 기름을 담아 180~190℃, 혹은
하루 묵은 빵이 노릇해지는 데 30초가 걸릴 때까지 달군다. 크로켓을
몇 개씩 기름에 담가 골고루 노릇해질 때까지 튀긴 뒤 키친타월에 올려
기름기를 빼고 낸다.

채소 파이

ERBAZZONE

이 간단하고도 전통적인 파이는 로마냐 지방의 흔한 길거리 음식이다.
냉장고의 어떤 녹채소로도 만들 수 있는데, 카탈로냐 치커리(푼타렐)를
쓰면 파이에서 살짝 쓴맛이 나고, 근대나 시금치를 쓰면 파이 맛이 좀 더
순해진다. 파이 소를 만들 때 베이컨을 채소와 함께 익혀도 좋다.

●

6인분
준비: 30분
조리: 55분

●

올리브기름 2큰술, 바를 것 별도
카탈로냐 치커리(푼타렐) 또는 컬리 엔다이브(프리제 양상추) 1.5kg
샬롯 2개, 가늘게 채 썬다
마늘 2쪽, 곱게 다진다
기본 빵 반죽(46쪽 참조) 레시피 ¾ 분량
중력분, 두를 것
갓 갈아 낸 파르미지아노 치즈 80g
소금과 후추

오븐을 200℃로 예열하고 제과제빵팬에 올리브기름을 바른다.
소스팬에 물을 담아 끓인 뒤 카탈로냐 치커리(푼타렐)를 넣고 5~6분 삶아
물기를 빼고 썬다.

소스팬에 기름을 두르고 달군 뒤 샬롯을 더하고 후추로 간해 가볍게
볶는다. 노릇해지기 시작하면 치커리와 마늘을 더하고 소금과 후추로
간한다. 20분 더 익힌다.

반죽을 반으로 갈라 밀가루를 가볍게 두른 작업대에서 각각 둥글고
얇게 민다. 반죽 1장을 올리브기름을 바른 제과제빵팬에 담고 익힌
채소를 골고루 펴 올린 뒤 파르미지아노 치즈와 후추 약간을 뿌린다.
남은 반죽으로 덮고 가장자리를 눌려 여민다. 윗면을 포크로 찌른 뒤
올리브기름을 바른다.

오븐에 넣어 25분 구운 뒤 꺼내 5분 두었다가 낸다.

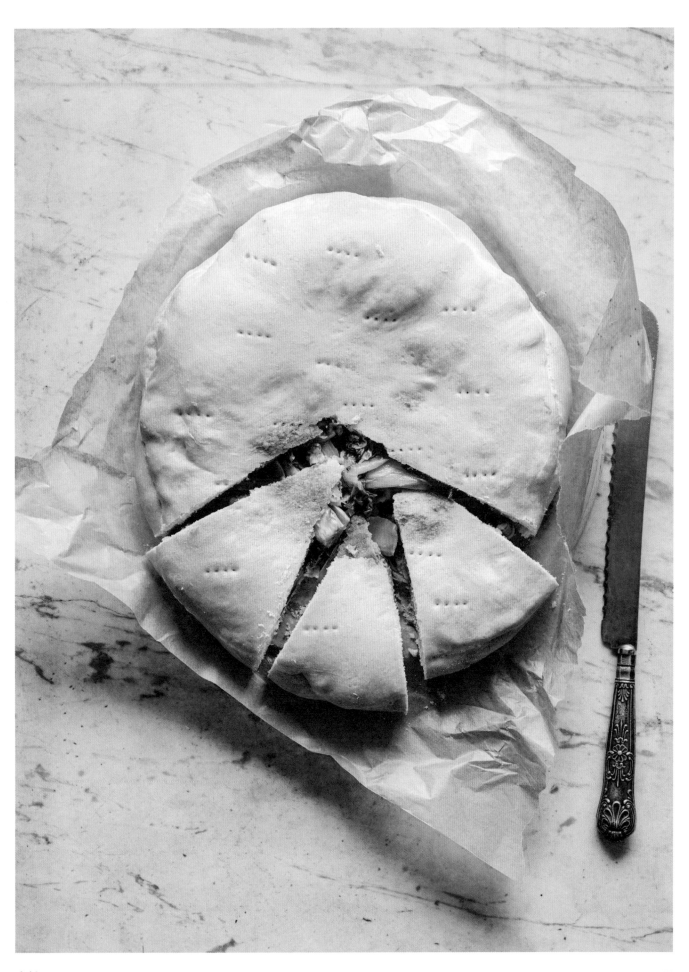

로즈메리
포카치아

FOCACCIA
AL ROSMARINO

제노바 사람들은 포카치아로 하루를 시작한다. 원래 농부의 음식이었던 포카치아는 항구 인부의 끼니이기도 했다. 포카치아는 기적에 가까울 정도로 단순하면서도 세계적으로 사랑받는 이탈리아의 대표 음식이다. 그저 기본 반죽에 올리브기름을 추가해 풍성함을 더하는데, 기름과 소금이 더 잘 흡수되도록 반죽 표면을 손가락으로 눌러 '보조개'를 낸다. 로즈메리 대신 올리브, 양파, 방울토마토 등도 얹을 수 있다.

●

6~8인분
준비: 35분, 발효 1시간 별도
조리: 30분

●

올리브기름 2큰술, 바를 것 별도
미지근한 우유 250ml
백설탕 1작은술
이스트 2½작은술
강력분 혹은 중력분 400g, 두를 것 별도
소금 2작은술
굵게 다진 로즈메리 2줄기, '보조개'에 넣을 것 별도
바닷소금

큰 제과제빵팬에 올리브기름을 바르거나 유산지를 두른다. 대접에 미지근한 우유와 설탕을 더해 잘 섞은 뒤 이스트를 솔솔 뿌려 거품이 올라올 때까지 10~15분 둔다. 매끈한 페이스트가 되도록 잘 섞는다.

밀가루에 소금을 더해 체로 내려 대접에 담는다. 이스트, 로즈메리, 올리브기름을 더한다. 잘 섞은 뒤 가볍게 밀가루를 두른 작업대에 쏟아 매끈하고 탄성이 생길 때까지 10분가량 손으로 반죽한다.

지름 23cm로 둥글게 밀어 제과제빵팬에 조심스레 올린다. 손가락으로 표면에 10군데의 '보조개'를 낸 뒤 바닷소금 두세 알과 로즈메리 잎 약간을 넣는다. 반죽 표면에 올리브기름을 바르고 따뜻한 곳에 두어 1시간 발효시킨다.

오븐을 200℃로 예열한 뒤 제과제빵팬을 넣는다. 반죽이 노릇해질 때까지 30분 구운 뒤 꺼내 식힘망에 올려 조금 식힌 뒤 따뜻할 때 낸다.

치즈 포카치아

FOCACCIA ALLA FORMAGGETTA

⏺ 🍶

리구리아 지방의 전형적인 포카치아 레시피인지라 포르마게타(오직 그 지역에서만 찾을 수 있는 치즈)를 포함시켰지만 이탈리아의 반연질 또는 연질 치즈라면 무엇이든 쓸 수 있다. 발효를 한 번만 하면 반죽이 얇고 바삭해진다. 또한 증기가 빠져나갈 수 있도록 손가락으로 구멍을 뚫으면 구울 때 반죽이 부풀어 오르지 않는다. 가장자리의 반죽은 엄지와 검지로 눌러 얇게 편 다음 위로 올려 중심 방향으로 접으면 옆의 사진에서 볼 수 있는 것과 같은 주름을 잡을 수 있다.

●

6인분
준비: 30분, 발효 30분 별도
조리: 15~20분

●

올리브기름, 바를 것
기본 빵 반죽(46쪽 참조) 레시피 1개 분량
리구리아 지방의 연질 치즈(포르마게타 리구레) 500g, 얇게 저민다
바닷소금

제과제빵팬에 올리브기름을 바른다.

기본 빵 반죽을 몇 분 더 치댄 다음 반으로 갈라 밀가루를 가볍게 두른 작업대에서 제과제빵팬과 비슷한 크기로 얇게 민다.

반죽 1장을 제과제빵팬에 올리고 치즈를 위에 골고루 얹은 뒤 남은 반죽으로 덮는다. 가장자리를 엄지와 검지로 눌러 잘 여민 뒤 위로 올려 가장자리에 주름을 잡는다.(소개글 참조) 표면을 포크로 찌른 뒤 깨끗한 행주로 팬을 덮어 30분 더 발효시킨다.

오븐을 200℃로 예열한다.

포카치아의 표면에 올리브기름을 바르고 바닷소금을 흩뿌린다. 표면이 노릇해질 때까지 15~20분 굽는다. 오븐에서 꺼내 접시에 옮겨 뜨거울 때 낸다.

토마토
브루스케타

BRUSCHETTA
AL POMODORO

❀ ♈ ⬚ ⬛ ⬛ ◑

간단하면서도 맛있는 여름 레시피를 소개한다. 좋은 엑스트라 버진
올리브기름과 아주 잘 익은 토마토로 만들어야 브루스케타가 맛있다.
온실에서 자란 것으로는 제맛이 나지 않으니 토마토의 맛이 최고조에
이르는 늦여름까지 기다리자. 바질 잎을 올리면 간단하게 브루스케타에
맛을 더 보탤 수 있다.

●

4인분
준비: 20분
조리: 5분

●

빵 또는 바게트 8쪽
마늘 2쪽, 반 가른다
잘 익은 토마토 6~8쪽, 깍둑썬다
엑스트라 버진 올리브기름, 뿌릴 것
소금과 후추

빵 조각을 브로일러(그릴)나 화구(바비큐)에 굽는다. 뜨거울 때
마늘로 문지른 뒤 좀 더 굽는다. 토마토를 빵에 올리고 소금과 후추로
간한 뒤 올리브기름을 뿌린다.

피아디나

PIADINA

피아디나는 로마냐 지방의 가장 전통적인 길거리 음식이다. 지방에 따라 빨강, 파랑, 초록의 줄무늬가 있는 판매대에서 사 먹을 수 있다. 프로슈토를 포함한 가공육, 스퀘케로네(부드러운 치즈), 익힌 채소 등 어떤 재료든 납작한 빵 사이에 끼워 먹을 수 있다.

●

12인분
준비: 45분, 팽창 시간 포함
조리: 15분

●

중력분 600g, 두를 것 별도
베이킹파우더 2작은술(선택 사항)
라드 또는 올리브기름 80g
올리브기름, 바를 것
프로슈토 12쪽
소금

밀가루, 베이킹파우더, 소금 2자밤을 체로 내려 큰 대접에 담는다. 라드를 더하고 탄성 강한 반죽이 될 때까지 따뜻한 물을 더해 반죽한다. 깨끗한 행주로 덮어 30분 둔다.

반죽을 12등분해 밀가루를 가볍게 두른 작업대에서 둥글고 얇게 민다. 프라이팬에 올리브기름을 바르고 반죽을 올려 양쪽 면을 살짝 노릇해질 때까지 굽는다. 프로슈토를 얹어 반으로 접어 낸다.

모차렐라 샌드위치 튀김

MOZZARELLA IN CARROZZA

모차렐라 샌드위치 튀김은 모차렐라, 빵, 달걀, 우유 등 비싸지 않은 재료로 손쉽게 만들 수 있어 완벽한 핑거 푸드이다. 캄파냐나 라치오처럼 모차렐라가 풍부한 남부 지방이 고향인 샌드위치 튀김은 남는 빵과 치즈를 처리하고자 만들어졌다. 올리브기름에 재운 안초비를 모차렐라에 더하면 맛이 한층 더 풍성해진다. 한편 버터 대신 식용유에 샌드위치를 튀기면 다소 가벼워진다. 가장자리를 잘 여며 밀가루와 달걀물을 입혀야 튀길 때 모차렐라가 샌드위치에서 빠져나오지 않는다.

•

4인분
준비: 10분
조리: 10분

•

반 가른 빵 8쪽
모차렐라 치즈 150g
우유 175ml
달걀 2개
중력분, 두를 것
올리브기름 100ml
버터 2큰술
소금

반으로 가른 빵 2장 사이에 모차렐라 치즈를 끼워 샌드위치를 만든다. 대접에 우유를 담고 달걀을 더해 푼 뒤 소금으로 간한다. 샌드위치에 밀가루를 두르고 달걀물 위에 올린 뒤 잘 빨아들이도록 구멍 뚫린 스패출러(또는 생선 뒤집개로)로 잠깐 눌러 준다.

올리브기름과 버터 절반을 큰 프라이팬에 넣어 달군 뒤 샌드위치 2쪽을 올려 양면 모두 바삭하고 노릇해질 때까지 각각 2분가량 튀긴다. 뒤집개로 튀긴 샌드위치를 들어 키친타월에 올린다. 남은 올리브기름과 버터로 나머지 샌드위치 2쪽도 똑같이 구워 뜨거울 때 낸다.

판차넬라

PANZANELLA

이탈리아 중부, 특히 토스카나의 대표 음식인 판차넬라는 물에 담근 묵은 빵, 토마토, 올리브기름으로 만드는 소박한 음식이다. 농사일에 먹는 농부의 음식인 데다가 불을 쓰지 않고, 또한 미리 만들어 둘 수 있어 여름에 가장 잘 어울린다. 빵이 토마토의 즙과 올리브기름을 빨아들이므로 사실 만들어 몇 시간 두었다 먹어야 더 맛있다. 썬 양파나 검정 올리브로 맛을 더해도 좋다.

●

4인분
준비: 10분

●

흰 빵 8쪽, 껍데기는 떼어 낸다
바질 잎 10~15장, 찢는다
엑스트라 버진 올리브기름, 뿌릴 것
단단한 토마토 4개, 껍질 벗겨 깍둑썬다
소금과 후추

빵을 찢어 찬물에 몇 분 담갔다가 물기를 짜내고 샐러드 대접에 담는다. 소금과 후추로 간하고 바질 잎을 흩뿌린 뒤 올리브기름을 넉넉하게 뿌린다.

빵조각이 잘게 부스러지도록 포크로 버무린 뒤 깍둑썬 토마토를 더한다.

파스타 샐러드

PASTA IN INSALATA

파스타 샐러드는 여름 소풍이나 바닷가 나들이에 딱 어울리는 음식인데다가 미리 만들어 용기에 담아 다니기도 쉽다. 이탈리아 전역에서 두루 먹는 파스타 샐러드는 어떤 재료로도 만들 수 있으니 굳이 레시피에 얽매이지 말자. 좋아하는 채소, 치즈, 고기나 생선으로 입맛 도는 샐러드를 만들 수 있다. 마케론치니나 파르팔레 등 짧은 파스타라면 다 좋다.

●

4인분
준비: 45분, 식히는 시간 별도
조리: 35분

●

마케론치니를 비롯한 짧은 파스타 건면 300g
노란 파프리카 2개
껍질 벗긴 완두콩 100g
토마토 200g, 껍질 벗기고 씨를 발라 다진다
치커리노 로소(라디치오) 또는 쌉쌀한 샐러드 잎채소 1다발, 채 썬다
쪽파 1줄기, 잘게 썬다
바질 1줄기, 채 썬다
마요네즈 2큰술
안초비 페이스트 1큰술
화이트 와인 120ml
소금

오븐을 230℃로 예열한다. 커다란 냄비에 소금물을 넣고 끓인 뒤 파스타 건면을 넣는다. 가운데 심이 살짝 씹힐 정도, 즉 알 덴테로 8~10분 삶는다.(포장의 조리 시간을 먼저 확인한다.) 물을 따라 내고 찬물에 한 번 헹군 뒤 건져 낸다.

파프리카를 제과제빵팬에 올려 오븐에 넣는다. 종종 뒤집으며 겉껍질이 터져 오를 때까지 10~15분 굽는다. 다 구워지면 오븐에서 꺼내 비닐봉지에 넣어 밀봉한다. 적당히 식으면 껍질은 벗기고 씨는 발라내 버린 뒤 과육만 썬다.

끓는 소금물에 콩을 넣어 10분 삶은 뒤 건져 식힌다. 파프리카, 콩, 토마토, 치커리노, 쪽파, 바질을 샐러드 대접에 담고 파스타를 더한다.

그릇에 마요네즈, 안초비 페이스트, 와인을 넣고 잘 섞어 소스를 만들고 샐러드에 끼얹은 뒤 잘 버무려 낸다.

여름
쌀 샐러드

RISO IN
INSALATA ESTIVO

차가운 파스타처럼 쌀 샐러드도 이탈리아 전역에서 먹는 여름 음식이다.
쉽게 만들 수 있어 여름 모임에 가장 인기 있는 요리들 중 하나이다.
어떤 재료를 쓰느냐에 따라 맛이 달라지기 때문에 냉장고에 있는 재료가
샐러드의 맛을 결정한다고 볼 수도 있다. 끝없는 조합을 생각하다 보면
언제든 새로운 샐러드를 만들 수 있다.

●

4인분
준비: 20분
조리: 15분

●

장립종 쌀 300g
기름에 재운 통조림 참치 250g, 기름기 빼고 살은 잘게 부순다
스위스(그뤼에르) 치즈 200g
토마토 4개, 씨를 발라 깍둑썬다
케이퍼 2큰술, 건져 물에 헹군다
올리브기름 3큰술
레몬즙 1개분, 거른다
진주 양파 절임 8개
어린 아티초크 기름 절임 8개
소금

끓는 소금물에 쌀을 넣고 부드러워질 때까지 푹 익힌 뒤 건져
찬물에 헹구고 물기를 걷어 낸다.

쌀을 익히는 동안 참치, 치즈, 토마토, 케이퍼를 샐러드 대접에 담는다.
쌀을 더하고 맛을 빨아들이도록 잘 섞는다.

그릇에 올리브기름과 레몬즙을 넣고 잘 섞은 뒤 샐러드에 끼얹어
버무린다. 마지막으로 진주 양파와 아티초크를 더해 한 번 더 버무린다.
낼 때까지 냉장고가 아닌 서늘한 곳에 둔다.

문어
감자 샐러드

INSALATA DI POLPI E PATATE

문어는 냉동고에 몇 시간 두었다가 삶아야 연해진다. 완전히 해동시켜 손질을 마친 뒤에 삶는다.

●

4인분
준비: 30분, 식히는 시간 별도
조리: 45분

●

문어 1kg, 손질한다
감자 4개, 껍질 벗긴다
달지 않은 화이트 와인 1큰술
생로즈메리 1줄기
엑스트라 버진 올리브기름, 뿌릴 것
소금과 후추

문어를 큰 냄비에 담고 잠길 만큼 물을 부은 뒤 소금 1자밤을 더해 끓인다. 물이 끓으면 불을 줄이고 뚜껑을 덮어 부드러워질 때까지 30분 더 보글보글 끓인다. 불에서 내려 삶은 물에 잠긴 문어를 그대로 식힌 뒤 건져 껍질을 벗기고 썬다.

냄비에 물을 붓고 감자와 소금을 넣고 끓인다. 감자가 부드러워질 때까지 30분가량 삶아 건지고 껍질을 벗겨 깍둑썬다. 감자를 샐러드 대접에 담고 와인을 끼얹는다. 문어를 더하고 소금과 후추로 간한 뒤 로즈메리를 흩뿌리고 올리브기름을 뿌린다.

베네토식
크림 말린 대구

BACCALÀ MANTECATO ALLA VENETA

짜고 딱딱한 말린 대구를 부드럽고 풍성한 요리로 바꿔 주는 절묘한 조리법을 소개한다. 이 요리는 예로부터 음식을 데울 수 없는 낚싯배에서 차갑게 먹던 어부의 음식이다. 베네토에서만 먹을 수 있는 전통 요리로 폴렌타를 곁들여 먹는다. 갓 끓인 것도 좋고 남아서 굳은 폴렌타라면 잘 썰어 구운 뒤 곁들인다.

4인분
준비: 40분, 불리기 48시간 별도
조리: 1시간 45분

말린 대구 600g, 물에 48시간 불린 뒤 건진다
올리브기름 150ml
양파 ½개, 썬다
우유 100ml
소금과 후추
폴렌타(45쪽 참조), 같이 먹을 것

큰 팬에 말린 대구를 담아 잠기도록 물을 붓고 불에 올린다. 끓기 시작하면 불을 줄여 25~35분 보글보글 끓인다. 팬을 불에서 내려 국물에 잠긴 그대로 식힌 뒤 대구를 건져 껍질과 뼈를 골라내고 잘게 썬다.

큰 팬에 올리브기름 4큰술을 두르고 달군 뒤 양파를 더해 약불에서 종종 뒤적이며 5분 볶는다.

다른 팬에 우유를 넣고 끓인 뒤 대구와 양파를 넣고 남은 올리브기름을 더해 힘차게 섞는다. 하얀색이 나고 하늘하늘하며 부드러워질 때까지 1시간 더 보글보글 끓인다. 소금과 후추로 간하고 폴렌타와 낸다.

달고 신
정어리 절임

SARDE IN SAÒR

베네치아의 전통 요리로 양파와 식초에 절여 생선을 보존했던 옛 항해사의 전통을 따르는 레시피이다. 비잔틴 요리 세계의 맛을 따라 건포도와 잣을 더해도 좋다. 많은 이탈리아 지역 요리처럼 달고 신 정어리는 베네토에서만 먹을 수 있다. 주로 정어리로 만들지만 포를 뜬 광어나 가자미를 써도 좋다.

6인분
준비: 40분, 절이기 24시간 별도
조리: 25분

정어리 12마리
밀가루
기름
소금

절임 양념:
올리브기름 3큰술
중간 크기 양파 2개, 썬다
레드 와인 식초 3큰술
통후추 1큰술

장식:
잣 50g(선택 사항)
건포도 50g(선택 사항)
월계수 잎(선택 사항)

정어리는 비늘을 벗기고 내장을 발라낸 뒤 잘 씻는다.

소금으로 간한 뒤 밀가루를 입혀 기름을 두른 팬에 담아 아주 뜨거운 불로 각 면을 2분씩 굽는다. 키친타월에 올려 기름기를 걷어 낸다.

팬에 올리브기름을 담아 불에 올려 따뜻하게 달군 뒤 양파를 더해 노릇해질 때까지 20분 볶는다. 식초를 끼얹어 뒤적이며 섞은 뒤 불에서 내린다. 통후추를 더해 절임 양념을 완성한다.

절임 양념 절반을 접시에 담고 정어리 6마리를 올린 뒤 남은 양념 ⅓을 끼얹는다. 남은 정어리를 올리고 양념을 끼얹는 과정을 되풀이한다. 잣과 건포도, 월계수 잎을 올려 장식해도 좋다. 다음 날 낸다.

광어나 가자미로 만들 경우:
생선 5마리의 껍질을 벗기고 포를 뜬 뒤 세로로 반 갈라 전부 10장의 포를 준비한다. 소금으로 간하고 말아 요리용 실로 묶은 뒤 밀가루를 솔솔 뿌려 기름에 구웠다가 키친타월에 올려 기름을 걷어 낸다.

팬에 양파 500g을 넣고 올리브기름 약간과 물을 더해 되직해질 때까지 익힌다. 화이트 와인 75ml와 식초 25ml를 더해 몇 분 더 부글부글 끓인 뒤 불에서 내려 잘 섞는다. 소금과 후추로 간한다.

절임 양념을 접시에 펴 바른다. 구운 생선의 실을 풀고 양념 위에 올린다. 건포도와 잣 50g과 월계수 잎을 올린다. 적어도 3시간 이상 두었다가, 혹은 다음 날 낸다.

첫 번째 코스

PRIMI PIATTI

첫 번째 코스는 이탈리아 요리의 정수로 수프, 뇨키, 파스타, 리소토, 폴렌타 등을 낼 수 있다. 첫 번째 코스의 요리는 대체로 뜨겁게 내며 안티파스토보다는 더 푸짐하지만, 바로 이어 나오는 주요리보다는 가볍게 고안되었다. 저렴하게 만들 수 있지만 만족스럽게 먹을 수 있어 첫 번째 코스는 언제나 이탈리아의 메뉴에서 가장 큰 인기를 누려 왔다.

첫 번째 코스는 이탈리아 요리에서 매우 중요하다. 그중 파스타와 리소토는 세계적으로 알려진 이탈리아의 대표 요리이다. 이탈리아의 식사에서 첫 번째 코스는 포만감을 줄 수 있는 요리를 포함하지만, 요즘은 일부를 '피아토 유니코(piatto unico)', 즉 주요리 노릇을 하는 단품으로 내는 곳도 있다. 그럴 경우 한 접시로도 만족할 수 있도록 더 많은 양을 낸다.

파스타는 이탈리아의 별미 가운데서도 가장 인기가 많은 음식이다. 거의 무한에 가까운 다양성 덕분에 어떤 식탁에도 오를 수 있으며 맛있지만 금방 만들어 낼 수 있다는 점도 매력적이다. 파스타는 크게 건면과 생면 둘로 나뉜다. 생면은 우리에게 익숙한 연질의 보통 밀을 써서 만드는 반면, 건면은 단단한 듀럼밀을 제분한 세몰리나로 만든다. 생면의 여왕격인 달걀면(48쪽 참조)으로는 탈리아텔레나 말탈리아티, 또는 소를 채우는 라자냐, 카넬로니, 토르텔리니, 라비올리 등을 만든다. 비교적 최근까지만 하더라도 달걀면은 부잣집에서 혹은 명절에만 먹었지만 요즘은 마트나 식재료 전문점에서 흔히 살 수 있다.

파스타 삶기는 어렵지 않지만 몇 가지 기본 규칙을 지켜야 한다. 파스타 100g에 물 1L와 소금 2~2½작은술을 쓴다. 물이 끓기 시작하고 2~3분 뒤에 파스타를 넣는데, 완전히 잠기도록 잘 휘저어 준다. 약간 덜 삶은 파스타가 언제나 더 맛있으므로 포장지의 조리 시간보다 1분 덜 익힌다. 이탈리아에서는 파스타를 언제나 '알 덴테(al dente)', 혹은 나폴리식으로 '베르데 베르데(vierde vierde)'로 익히며 푹 삶은 건 못 먹을 음식으로 친다. '알 덴테'는 '씹히도록', '베르데 베르데'는 '아주 파랗게' 또는 '덜 익은'이라는 의미이다. 둘 다 파스타가 겉은 부드럽게 익었지만 가운데에는 심이 살짝 씹히는 정도를 가리킨다.

모든 지역, 대도시, 소도시, 마을마다 모양, 소스, 소, 반죽 자체까지 다양하게 제각각의 파스타를 만들어 먹는다. 따라서 첫 번째 코스로 파스타의 가능성은 무궁무진하다. 길고 짧은 면, 건면과 생면 이 두 가지 범주의 조합만으로도 파스타는 많은 맛있는 요리의 출발점이다.

파스타의 모양과 길이에 따라 특히 더 잘 어울리는 소스가 따로 있다. 푸실리나 파르팔레(나비)처럼 비틀린 파스타나 이름이 너무 멋진 스트로차프레티('사제를 목 조르다.'라는 뜻) 등은 주름에 잘 들러붙어 매끈한 소스가 좋다. 한편 스파게티나 링귀네 등 긴 파스타는 스파게티 카르보나라(110쪽 참조)처럼 묽은 크림 소스가 잘 어울린다. 탈리아텔레나 파르파델레처럼 넓은 띠 모양의 파스타는 진한 고기 라구처럼 걸쭉한 소스와 짝지어 주는 게 좋다.

그리고 소라 껍데기를 닮은 콘킬리에나 귀처럼 생긴 오레키에테(50쪽 참조)는 가운데의 오목하게 들어간 부분에 잘 고이는, 질박한 고기 바탕의 소스와 짝을 지어 준다. 오르초나 스텔리네처럼 자잘한 파스타라면 수프에, 가운데가 빈 리가토니나 마케로니, 펜네 등은 고전인 고기 라구에 버무리거나 질박한 채소 소스를 속에 채워 준다. 마지막으로 라자냐(136쪽 참조)는 고기나 채소 소스와 켜켜이 쌓은 뒤 '알 포르노(al forno)', 즉 오븐에서 굽는다. 속이 빈 파스타 가운데서도 큼직한 카넬로니(138쪽) 또한 소를 채운 뒤 베샤멜 소스를 끼얹어 오븐에서 마무리한다. 라비올리(132쪽 참조)나 토르텔리니(164쪽 참조) 등 소를 채우는 파스타라면 소스는 가볍게 준비한다.

스파게티, 마케로니, 탈리아텔레, 푸실리를 비롯해 셀 수 없이 다채로운 모양의 파스타는 아마트리치아나(112쪽 참조), 아라비아타(124쪽 참조), 카르보나라(110쪽 참조) 같은 고전 외에도 다른 소스와의 조합을 얼마든지 생각해 볼 수 있다. 대부분의 파스타는 30분 안에 만들 수 있다는 장점 덕분에 이탈리아 음식 가운데서도 가장 흔하고 인기도 높다.

일단 기본 및 고전 파스타 소스를 익히고 나면 상상력을 발휘해 잘 어울리는 식재료를 짝지어 나만의 요리를 만들 수 있다.

파스타 다음으로 가장 잘 알려지고 인기 많은 첫 코스 요리는 리소토(51쪽 참조)이다. 원래 무글루텐 음식인 데다가 파스타와 마찬가지로 기본 바탕에 여러 다른 재료를 더할 수 있다.(142~153쪽 참조) 리소토는 버터와 파르미지아노 치즈가 바탕이므로 물이 풍부해 두 가지 재료가 흔한 이탈리아 북부에서 주로 먹을 수 있다. 진한 맛이 두드러지는 리소토는 양을 늘리면 푸짐한 주요리 역할도 맡을 수 있다.

첫 번째 코스 가운데 폴렌타는 무글루텐 음식으로, 이탈리아 북부 전역에 걸쳐 인기를 얻은 뒤 유럽을 거쳐 미국으로 건너갔다. 폴렌타는 대체로 주요리에 곁들여 먹지만 버터 및 치즈를 곁들이면 첫 번째 코스로도 낼 수 있다. 지역마다 폴렌타를 먹는 방식이 달라서 옥수수에 다른 곡식의 가루를 더해 끓이는 경우도 있고 묽게, 혹은 걸쭉하게도 낸다. 마지막으로 수프도 첫 번째 코스로 낼 수 있다.

이탈리아에서 수프는 가장 소박하고 인기 있는 음식에서 오늘날의 형식으로 발전해 왔다. 남은 음식이나 저렴한 식재료로 끓이는 덕분에 수프는 이탈리아 전역에서 인기가 있을 뿐더러 식재료가 바뀌는 철마다 맛도 다채로워진다.

안초비
스파게티

SPAGHETTI CON LE ACCIUGHE

안초비, 올리브, 케이퍼는 서로 아주 잘 어울리는 남부 이탈리아의 전통 식재료이다. 세 재료로 파스타 면을 삶는 동안 간단하고도 맛있는 소스를 만들 수 있다. 고추로 맛을 내거나, 여름에는 싱싱한 방울토마토를 더해도 좋다. 생선 바탕의 소스이니 삶은 스파게티 위에 파르미지아노 치즈 대신 빵가루를 뿌리면 아삭함까지 더할 수 있다.

4인분
준비: 10분
조리: 15분

올리브기름 4큰술
마늘 2쪽, 껍질 벗긴다
케이퍼 50g, 건진다
검정 올리브 100g, 씨를 발라내고 썬다
염장 안초비(367쪽 참조) 100g, 물에 담가 소금기를 빼고 건진다
스파게티 건면 350g
다진 생파슬리 잎, 뿌릴 것
소금

프라이팬에 올리브기름을 두르고 불에 올려 달군다. 마늘을 올려 약불에서 노릇해질 때까지 종종 뒤적이며 익힌다. 구멍 뚫린 국자로 마늘을 건져 내 버린다. 케이퍼와 올리브를 프라이팬에 더해 뒤적이며 5분 더 익힌다. 안초비를 넣어 형체가 사라질 때까지 나무 숟가락으로 으깨며 익힌다.

소스를 만드는 사이 면을 삶는다. 끓는 소금물에 면을 넣고 가운데의 심이 살짝 씹힐 정도로(알 덴테)로 익힌다. 삶은 물을 쏟아 버리고 면을 소스가 담긴 팬에 더해 잘 버무린다. 파슬리를 솔솔 뿌려 바로 낸다.

꾸러미에 익힌
해산물 링귀네

LINGUINE
AI FRUTTI DI MARE
AL CARTOCCIO

식재료를 여민 꾸러미에 담아 찌면 맛을 한층 더 북돋울 수 있다.
파스타를 더하면 소스를 빨아들여 해산물의 맛과 조화롭게 어우러진다.
은박지나 유산지 중 어떤 것을 쓰더라도 가장자리를 확실히 여민다.
파스타는 알 덴테에 충실하게, 아예 좀 설익힌다는 기분으로 삶아야
오븐 속의 꾸러미에서 마저 익는다.

●

4인분
준비: 30분
조리: 20분

●

바지락, 동죽, 모시 등 각종 조개 400g, 잘 닦아 해감한다(367쪽 참조)
홍합 300g
올리브기름 2큰술
마늘 3쪽, 껍질 벗긴다
말린 오레가노 1자밤
링귀네 건면 350g
썬 토마토 통조림 400g
썬 바질 잎 1큰술
소금과 후추

조개를 종류별로 나눠 흐르는 찬물에 껍데기를 박박 문질러 닦고
홍합은 '수염'을 당겨 뽑는다. 껍데기가 깨졌거나 두드렸을 때 입을
다물지 않는 것은 버린다.

프라이팬에 올리브기름 1큰술을 두르고 불에 올려 달군 뒤 마늘 1쪽과
오레가노를 더한다. 조개를 넣고 중간-센불에서 입을 벌릴 때까지 3~5분
익힌다. 팬을 불에서 내리고 입을 열지 않은 조개는 버린다.

중간 크기의 팬에 홍합을 담고 물 150ml를 부은 뒤 뚜껑을 덮고
센불에서 끓인다. 홍합이 입을 벌릴 때까지 팬을 흔들어가며 3~5분
익힌다. 팬을 불에서 내리고 입을 벌리지 않은 홍합은 버린다.

팬에서 조개와 홍합을 건져 내고 국물 1큰술을 따로 남겨 둔다.
조개와 홍합 대부분을 껍데기에서 발라낸다.

오븐을 220℃로 예열한 뒤 큰 팬에 소금물을 끓여 링귀네를 넣고
8~10분(포장지의 조리 시간을 확인한다.) 삶는다. 겉은 부드럽지만 가운데의
심이 씹히는 알 덴테로 삶아지면 건진다.

남은 올리브기름을 중간 크기 팬에 둘러 달군다. 남은 마늘을 더해
노릇해질 때까지 자주 뒤적이며 몇 분 볶은 뒤 건져 내 버린다. 토마토,
링귀네, 조개, 홍합, 썬 바질 잎, 남은 조개 국물을 더하고 소금과 후추로
간한다. 잘 섞어 크게 잘라 낸 은박지의 한가운데에 올리고 안쪽으로 접어
가장자리를 잘 여민다. 은박지 꾸러미를 제과제빵팬에 올려 오븐에 넣고
5분 구운 뒤 바로 낸다.

조개
베르미첼리

VERMICELLI ALLE VONGOLE

조개 베르미첼리는 나폴리의 거의 모든 레스토랑 메뉴에서 찾을 수 있는 고전 요리이다. 완벽함의 비밀은 조개의 양과 해감이다. 조개를 흐르는 수돗물에 씻은 뒤 소금물에 2시간 담가 해감시킨다. 소금물 대접의 바닥에 모래가 깔린다면 물이 깨끗해질 때까지 해감을 되풀이한다. 마지막으로 흐르는 물에 조개를 한 번 더 씻은 뒤 남은 모래를 토해내도록 나무 도마에 대고 두들긴다. 스파게티나 베르미첼리, 바베트처럼 긴 면을 쓴다.

4인분
준비: 20분
조리: 20분

바지락, 동죽, 모시 등 각종 조개(367쪽 참조) 1kg, 잘 닦아 해감한다
올리브기름 150ml
마늘 2쪽, 껍질 벗긴다
베르미첼리 건면 350g
다진 생이탈리안 파슬리 1큰술
소금과 후추

껍데기가 깨졌거나 두드렸을 때 입을 다물지 않는 조개는 버린다.

큰 팬에 올리브기름을 두르고 불에 올린 뒤 마늘과 조개를 더해 입을 벌릴 때까지 5분가량 익힌다.

팬을 불에서 내려 구멍 뚫린 국자로 조개를 건져 낸다. 입을 열지 않은 것은 버리고, 국물은 체로 내린 뒤 프라이팬에 조개와 함께 넣는다.

소스를 만드는 사이 면을 삶는다. 끓는 소금물에 면을 넣고 가운데의 심이 살짝 씹힐 정도(알 덴테)로 익힌다. 삶은 물을 쏟아 버리고 면을 소스가 담긴 팬에 더한다. 계속 버무리며 2분 익힌 뒤 소금과 후추로 입맛에 따라 간하고 파슬리 잎을 솔솔 뿌린다. 따뜻하게 데워 둔 접시에 담아낸다.●

●파스타를 삶은 물을 1국자쯤 덜어 접시에 담아 두면 접시를 데울 수 있다.

버섯 탈리아텔레

TAGLIATELLE AI FUNGHI

버섯이 제철일 때는 1년 내내 쓸 수 있는 말린 버섯이 아닌 생버섯을 쓴다.
버섯 트리폴라티(264쪽 참조)의 레시피를 따라 흰 소스를 만들어 생버섯,
혹은 생것과 말린 버섯을 더한다. 페이스트(퓌레)의 농축된 맛을 감안하면
토마토를 더할 필요가 없다. 탈리아텔레는 폭 8mm의 고전 파스타로
'자르다'라는 의미의 단어 '탈리아레(tagliare)'에서 이름을 따왔다.
건면과 생면 모두 살 수 있으며, 탈리아텔레보다 폭이 넓은 파르파델레를
써도 좋다.

●

4인분
준비: 10분, 불리기 1시간 별도
조리: 45분

●

말린 버섯 25g
양파 작은 것 1개
올리브기름 2큰술
달지 않은 화이트 와인 5큰술
토마토 페이스트(퓌레) 3큰술
탈리아텔레 생면 275g(집에서 만들 경우 48쪽 참조)
갓 갈아 낸 파르미지아노 치즈 40g
소금

버섯을 대접에 담고 잠기도록 따뜻한 물을 부어 1시간 불린다.
건져 내 물기를 짜고 양파와 함께 곱게 썬다.

팬에 올리브기름을 두르고 약불에 올려 버섯과 양파를 더해 종종
뒤적이며 5분 볶는다. 물 120ml를 더하고 소금으로 가볍게 간한다.
와인을 넣고 알코올이 날아갈 때까지 끓인 뒤 토마토 페이스트(퓌레)를
섞는다. 중불에서 30분 보글보글 끓인다.

소스를 만드는 사이 면을 삶는다. 끓는 소금물에 탈리아텔레를 넣고
겉은 부드럽지만 가운데에 심이 살짝 씹힐 정도(알 덴테)로 삶아 건진다.
버섯 소스에 파스타를 버무리고 취향에 따라 파르미지아노 치즈를
솔솔 뿌린다.

스파게티
카르보나라

SPAGHETTI
ALLA CARBONARA

카르보나라의 어원에 대해서는 몇 가지 다른 이야기가 있다. 대부분은 로마 주변의 산악 지역에서 인부들이 벌목해 숯(카르보네)을 만들면서 판체타, 달걀, 로마노(페코리노)로 만들어 먹었던 파스타에서 '카르보나라'라는 명칭이 왔다고 믿는다. 세계 2차 대전 당시 많은 이들이 도시를 버리고 산악 지역으로 도망쳤을 때 이 요리를 배웠다는 것이다. 전통적으로 스파게티 카르보나라는 돼지의 볼살을 소금에 절인 구안찰레로 만들지만, 삼겹살로 만든 판체타가 구입하기 더 쉽다. 훈제시키지 않은 것을 쓰면 된다. 로마노(페코리노) 치즈를 찾을 수 없다면 파르미지아노 치즈를 쓰면 된다.

◐

●

4인분
준비: 5분
조리: 20분

●

버터 25g
판체타 100g, 깍둑썬다
마늘 1쪽
스파게티 350g
달걀 2개, 푼다
갓 갈아 낸 파르미지아노 치즈 40g
갓 갈아 낸 로마노(페코리노) 치즈 40g
소금과 후추

팬을 불에 올려 버터를 넣어 녹이고 판체타와 마늘을 더해 마늘이 노릇해질 때까지 익힌다. 마늘만 건져 버린다.

소스를 만드는 사이 면을 삶는다. 끓는 소금물에 면을 넣고 가운데의 심이 살짝 씹힐 정도(알 덴테)로 익힌다. 삶은 물을 쏟아 버리고 면을 판체타에 더한다.

팬을 불에서 내려 달걀을 붓고 파르미지아노 치즈와 로마노 치즈 각각 절반씩을 더하고 소금과 후추로 간한다. 잘 섞어 달걀을 면에 입힌다. 나머지 치즈를 더해 잘 섞은 뒤 낸다.

스파게티 아마트리치아나

SPAGHETTI ALL'AMATRICIANA

카르보나라와 더불어 로마 지역의 붙박이 요리이다. 이름은 파스타의 고향인 로마 북쪽 리에티 근처의 작은 마을에서 따왔다. 간단한 파스타이지만 이민자 덕분에 이탈리아 전역으로, 더 나아가 전 세계로 퍼졌다. 전통을 따르자면 두껍고 가운데가 빈 스파게티인 부카티니와 소금에 절인 돼지 볼살인 구안찰레로 만들어야 하지만 스파게티와 판체타로도 완벽하다. 갓 갈아 낸 로마노(페코리노)나 파르미지아노 치즈를 솔솔 뿌려 마무리한다.

4인분
준비: 20분
조리: 1시간

올리브기름, 바를 것
판체타 100g, 깍둑썬다
양파 1개, 얇게 썬다
토마토 4개(500g가량), 껍질 벗기고 씨를 발라낸 뒤 깍둑썬다
홍고추 1개, 씨를 발라내고 다진다
스파게티 건면 350g
소금과 후추
파르미지아노 치즈와 로마노(페코리노) 치즈, 뿌릴 것

중간 크기의 캐서롤(혹은 더치 오븐)에 올리브기름을 바르고 판체타를 넣고 약불에서 익혀 지방을 녹여 낸다.

양파를 더해 가끔 뒤적이며 살짝 노릇해질 때까지 10분 볶는다. 토마토와 고추를 더하고 소금과 후추로 간한 뒤 뚜껑을 덮어 40분가량 익힌다. 들러붙기 시작하면 따뜻한 물을 약간 더한다.

끓는 소금물에 스파게티를 넣고 가운데의 심이 살짝 씹힐 정도(알 덴테)로 익힌 뒤 삶은 물을 쏟아 버리고 면을 소스에 버무린다. 따뜻한 접시에 담아 치즈를 뿌려 낸다.

스파게티
카치오 에 페페

SPAGHETTI
CACIO E PEPE

스파게티 카치오 에 페페는 세 가지 기본 재료로만 만드는 가장 간단한
파스타이다. '카치오'는 로마인들의 표현으로 '치즈'를 의미한다.
이 파스타에는 질 좋고 맛이 좀 강렬한 로마노(페코리노) 치즈를 쓴다.
파스타 삶은 물을 조금 남겨 두었다가 치즈와 면을 버무릴 때 더하면
소스가 크림처럼 매끄럽고 부드러워진다. 로마노(페코리노) 치즈를 충분히
가지고 있지 않다면 좀 더 섬세한 파르미지아노 치즈와 반반 섞는다.

●

4인분
준비: 5분
조리: 7분

●

스파게티 건면 350g
갓 갈아 낸 로마노(페코리노) 치즈 100g
소금과 후추

끓는 소금물에 스파게티를 넣고 가운데의 심이 살짝 씹힐 정도(알 덴테)로
10분가량 삶는다.(포장지의 조리 시간을 확인한다.)

삶은 물을 몇 큰술 남기고 나머지는 쏟아 버린 뒤 면은 따뜻한 그릇에 담고
로마노(페코리노) 치즈를 솔솔 뿌린 뒤 후추를 넉넉하게 뿌려 간한다.
남은 파스타 삶은 물을 붓고 버무려 바로 낸다.

페스토 링귀네

LINGUINE AL PESTO

페스토는 여러 종류의 바질이 자라는 리구리아 지방의 전통 소스이다. 요즘은 블렌더로 갈아 만들지만 대리석 절구에 담아 소금과 마늘을 으깨어 만들면 페스토의 향이 한층 두드러진다. 바질 잎을 씻어 물기를 말끔히 걷어 낸 뒤 이파리만 치즈와 더해 으깨거나 간 다음 맨 끝에 품질 좋은 엑스트라 버진 올리브기름을 더한다. 링귀네나 트레네테처럼 긴 면을 써도 좋지만 짧은 파스타도 잘 어울리므로 리구리아 지방의 트로피에나 뇨키도 써서 만들어 보자. 잣은 넣어도 좋고 안 넣어도 좋다.

●

4인분
준비: 30분
조리: 20분

●

링귀네 건면 350g
감자 2개, 가는 막대 모양으로 썬다
깍지콩 50g

페스토:
생바질 잎 25장
마늘 2쪽, 다진다
엑스트라 버진 올리브기름 5큰술
갓 갈아 낸 로마노(페코리노) 치즈 25g
갓 갈아 낸 파르미지아노 치즈 25g
소금

바질 잎, 마늘, 소금 1자밤, 올리브기름을 푸드 프로세서에 담아 중간 속도로 잠깐 갈아 준다. 두 치즈를 모두 넣어 어우러질 때까지 갈아 페스토를 만든다.

끓는 소금물에 링귀네, 감자, 깍지콩을 넣는다. 링귀네의 가운데 심이 살짝 씹힐 정도(알 덴테)로 삶은 뒤 물을 따라 버린다. 페스토에 버무려 낸다.

볼로냐식
파스타

PASTA
BOLOGNESE

볼로냐식 고기 소스는 생면 및 건면 두 가지 모두 완벽하게 잘 어울린다. 또한 가장 인기 많은 이탈리아 요리 가운데 하나인 라자냐의 핵심이면서 카넬로니나 라비올리의 소로도, 팀발레나 탈리아텔레에도 쓴다. 볼로냐식 소스는 쉽지만 아주 약한 불에서 천천히 끓여야 하므로 시간이 오래 걸린다. 오래 끓일수록 맛도 더 좋아진다. 간 쇠고기로만 만들 수도 있지만 괜찮다면 돼지고기를 절반 섞는 것도 좋다.

●

4인분
준비: 15분
조리: 2시간

●

올리브기름 2큰술
버터 40g
양파 1개, 곱게 깍둑썬다
셀러리 1대, 곱게 깍둑썬다
당근 1개, 곱게 깍둑썬다
마늘 1쪽, 으깬다

간 쇠고기 250g
토마토 페이스트(퓌레) 1큰술
달지 않은 화이트 와인 120ml(선택 사항)
스파게티 건면 350g
소금과 후추

묵직한 팬을 불에 올리고 올리브기름과 버터를 넣고 달군 뒤 양파를 더한다. 뚜껑을 덮고 양파가 반투명해지기 시작할 때까지 중간-약불에서 5~10분가량 익힌다. 몇 분에 한 번씩 뒤적여 준다.

팬에 셀러리와 당근을 더한 뒤 뚜껑을 덮어 채소가 부드러워지고 가장자리가 노릇해질 때까지 5~10분 더 익힌다. 마늘을 넣고 1분 더 익힌다.

간 쇠고기를 팬에 넣고 나무 숟가락으로 잘게 부순다. 중간-센불로 올린 뒤 고기에서 붉은기가 사라지고 지글거리기 시작할 때까지 10분가량 볶는다. 토마토 페이스트(퓌레)를 더하고 1분 더 익힌다.

화이트 와인과 물 120ml를 넣는다. 와인을 쓰지 않는다면 물 240ml를 넣는다. 소금과 후추로 입맛에 따라 간을 한다.

약불로 낮추고 뚜껑을 덮어 1시간 30분 끓인다. 물이 너무 졸은 것 같으면 물 120ml를 더한다. 고기가 거의 국물에 잠긴 상태에서 천천히 보글보글 끓인다.

끓는 소금물에 스파게티를 넣고 가운데의 심이 살짝 씹힐 정도(알 덴테)로 익힌 뒤 삶은 물을 쏟아 버리고 면을 소스에 버무린다. 따뜻한 접시에 담아낸다.

다른 고기나 버섯을 쓸 경우:
라구(고기 소스)는 간 송아지고기, 돼지고기, 쇠고기, 혹은 이탈리안 소시지(껍질을 벗겨 부스러트린다.)를 각각 절반씩 섞어 만들 수 있다. 버섯으로 맛을 낼 수도 있으니, 썬 버섯 450g을 버터 2큰술에 볶아 조리를 끝내기 30분 전에 소스에 더한다.

118

호두 소스
스파게티

SPAGHETTI ALLA SALSA DI NOCI

페스토보다 덜 알려졌지만 호두 소스는 이탈리아 북서부의, 바다와 산 사이의 좁은 해안 지역인 리구리아의 가장 전통적인 레시피 가운데 하나이다. 과채가 많이 자라지 않는 지역이다 보니 리구리아 사람들은 호두, 잣, 올리브, 마늘처럼 잘 자라는 작물을 활용한다. 호두 소스는 스파게티처럼 긴 파스타 면과 잘 어울리지만 판소티처럼 속을 채운 생파스타나 뇨키와도 아름답도록 잘 어울린다. 더 풍성하고 크림처럼 부드러운 질감을 내려면 소스에 생크림 2큰술을 더한다.

✧ ◌

•

4인분
준비: 15분
조리: 15분

•

호두 80g
설탕 1자밤
갓 갈아 낸 너트메그 1자밤
올리브기름 100ml
스파게티 건면 350g
버터 20g
생빵가루 40g
소금
갓 갈아 낸 파르미지아노 치즈, 뿌릴 것

끓는 물에 호두를 넣고 몇 분 데친 뒤 건져 껍질을 문질러 벗겨 낸다. 호두를 곱게 다져 그릇에 설탕, 너트메그와 함께 담는다. 올리브기름을 천천히 흘려 넣어 섞은 뒤 소금으로 간한다.

끓는 소금물에 스파게티를 넣고 가운데의 심이 살짝 씹힐 정도(알 덴테)로 삶는다.

면을 삶는 사이 프라이팬을 불에 올려 버터를 넣고 녹인다. 빵가루를 더해 계속 뒤적이며 노릇해질 때까지 몇 분 볶는다.

스파게티 삶은 물을 따라 버리고 빵가루를 볶은 팬에 스파게티를 넣은 뒤 불에 올려 2분 버무린다. 호두 소스를 팬에 넣고 섞는다. 파스타를 따뜻한 접시에 담아 파르미지아노 치즈를 솔솔 뿌리고 바로 낸다.

브로콜리
오레키에테

ORECCHIETTE
CON BROCCOLI

풀리아 지방에서 사시사철 먹을 수 있는 브로콜리와 오레키에테의
전통 요리를 참고한 파스타 레시피이다. 원래 쓰고 고소한 맛이 좀 더 나는
브로콜리 라브로 만들지만 찾기가 쉽지 않고 초봄에만 난다. 마늘과 고추에
안초비를 더하면 맛이 한층 더 대담해지니 참고한다. 내기 전에 오레키에테
위에 볶은 빵가루를 솔솔 뿌리면 질감의 대조를 맛볼 수 있다.

●

4인분
준비: 5분
조리: 15분

●

브로콜리 800g
올리브기름 2큰술
마늘 1쪽, 다진다
홍고추 1개, 씨를 바르고 다진다
오레키에테(집에서 만든다면 50쪽 참조) 레시피 1개 분량
소금
갓 갈아 낸 파르미지아노 치즈 또는 로마노(페코리노) 치즈, 뿌릴 것

끓는 소금물에 브로콜리를 넣고 5분 삶은 뒤 건져 낸다.

큰 팬에 올리브기름을 두르고 불에 올려 달군 뒤
마늘과 고추를 더하고 3분 볶는다. 브로콜리를 넣고 약불에서
부드러워질 때까지 종종 뒤적이며 5분 더 익힌다.

그 사이 끓는 물에 오레키에테를 넣고 가운데의 심이 살짝 씹힐
정도(알 덴테)로 삶아 건진다. 팬에 옮겨 브로콜리와 버무린 뒤
파르미지아노 치즈나 로마노(페코리노) 치즈를 솔솔 뿌려 낸다.

펜네
아라비아타

PENNE
ALL'ARRABBIATA

✽ ❀ 🝔

'아라비아타'는 '성난'이라는 뜻으로 고추로 내는 매운맛을 가리킨다.
입맛에 따라 맵기를 조절할 수는 있지만 그래도 웬만큼 두드러져야
맛있다. 토마토의 철이 아니라면 집에서 만든 살사(36쪽 참조)나 토마토
페이스트(퓌레)를 쓴다. 펜네 대신 마케로니나 리가토니 등의 다른 짧은
파스타를 써도 좋다.

•

4인분
준비: 10분
조리: 30분

•

올리브기름 6큰술
마늘 2쪽, 껍질 벗긴다
홍고추 ½개, 씨를 바르고 다진다
통조림 토마토 500g, 국물은 버리고 다진다
펜네 리세 건면 350g
다진 생이탈리안 파슬리 1큰술
소금

프라이팬에 올리브기름을 둘러 불에 올리고 마늘과 고추를 더한다.
마늘이 노릇해질 때까지 볶은 뒤 팬에서 건져 버린다. 팬에 토마토를 더해
소금으로 간하고 15분 익힌다.

그 사이 끓는 소금물에 펜네를 넣고 가운데의 심이 살짝 씹힐
정도(알 덴테)로 10분가량 삶아 건진다.(포장지의 조리 시간을 확인한다.)
면을 프라이팬에 옮겨 센불에서 몇 분 버무린 뒤 따뜻한 접시에 담고
파슬리 잎을 솔솔 뿌려 낸다.

파스타 노르마

PASTA ALLA NORMA

파스타 노르마는 카타니아가 고향인 시칠리아 고전 요리이다.
카타니아에서 태어난 작곡가 빈센초 벨리니가 자신의 오페라 '라 노르마'를
바탕으로 이름을 붙였다는 이야기가 있다. 시칠리아에선 빼어남에 대해
말할 때 오페라에서 따온 '에우나 노르마'라는 표현을 쓰는데, '규칙을
따랐다'는 의미의 표현 '아 노르마'에서 이름을 따왔다는 이야기도 있다.
파스타 노르마의 핵심 재료는 딱딱한 리코타 치즈(리코타 살라타)이다.
찾을 수 없다면 로마노(페코리노) 치즈나 파르미지아노 치즈로 대체한다.
참맛은 아닐지라도 맛은 있을 것이다.

●

4인분
준비: 30분, 절이는 시간 30분 별도
조리: 45분

●

가지 작은 것 2개, 썬다
올리브기름 2큰술, 튀길 것 별도
마늘 1쪽, 껍질 벗긴다
토마토 350g 또는 토마토 파사타 500g
펜네 건면 350g
딱딱한 리코타 치즈 100g, 간다
바질 잎 8장
소금과 후추

가지에 소금을 솔솔 뿌린 뒤 체에 올려 30분 두었다가 씻어 내
키친타월로 물기를 걷어 낸다.

냄비에 올리브기름을 담아 180℃, 또는 깍둑썬 빵이 30초 만에
노릇해질 때까지 달군다. 가지를 넣고 노릇해질 때까지 8~10분 튀긴다.
구멍 뚫린 국자나 뜰채로 가지를 건진 뒤 키친타월에 올려 기름기를
걷어 낸다. 따뜻하게 둔다.

얕은 팬을 불에 올리고 올리브기름 2큰술을 둘러 달군 뒤 마늘을 넣는다.
약불에서 살짝 노릇해질 때까지 종종 뒤적이며 볶은 뒤 건져 버린다.
토마토를 팬에 더하고 부드러운 곤죽이 될 때까지 10분가량 뒤적이며
익힌 뒤 소금과 후추로 간한다. 파사타를 쓴다면 한소끔 끓여
소금과 후추로 입맛에 따라 간한다.

끓는 소금물에 펜네를 넣고 가운데의 심이 살짝 씹힐 정도(알 덴테)로
삶아 건진다.(포장지의 조리 시간을 확인한다.)

파스타를 접시에 담아 리코타 치즈 절반을 솔솔 뿌리고 토마토 소스
절반을 올린 뒤 바질 잎을 흩뿌린다. 튀긴 가지로 덮고 남은 리코타를
뿌린 뒤 남은 파스타 소스로 덮어 바로 낸다.

정어리 파스타

팔레르모가 고향인 정어리 파스타는 종종 제철 지역 재료를 채집해서
만드는 시칠리아 '농부 음식'의 대표적인 예이다. 유서 깊은 시칠리아 농부
음식은 아주 소박한 것부터 풍성한 것까지 오늘날 요리의 근간을 이룬다.
야생 회향, 사프란, 건포도와 잣으로 가장 고급스러운 정어리 파스타를
만들 수 있다. 시칠리아 일부 지역에서는 파스타 전체를 굽지 않고 볶은
빵가루만 솔솔 뿌려 마무리한다. 어떻게 만들어도 정어리와 야생 회향은
반드시 필요하다.

4인분
준비: 1시간 30분
조리: 10분

설타나(노란색) 건포도 25g
야생 회향 200g
올리브기름 2큰술, 바를 것 별도
양파 1개, 곱게 썬다
소금에 절인 안초비(367쪽 참조) 8개, 10분간 찬물에 담갔다가 건진다
잣 25g
사프란 가루 ½봉지

정어리 350g, 손질한다
밀가루, 두를 것
튀김용 식용유
지티 건면 300g
소금

건포도를 그릇에 담아 잠기도록 뜨거운 물을 부어 불린다.

끓는 소금물에 회향을 넣고 15~20분 삶아 건져 썬다. 삶은 국물은
남겨 둔다.

중간 크기 팬에 올리브기름을 두르고 불에 올려 달궈 양파를 더한 뒤
약불에서 가끔 뒤적이며 5분 볶는다. 안초비를 더하고 나무 숟가락으로
으깬다.

건포도를 건져 물기를 짜내고 회향, 잣과 함께 팬에 넣는다.
사프란 가루를 솔솔 뿌리고 약불에서 15분 익힌다.

정어리의 배를 갈라 등쪽으로 책처럼 펼친다. 살이 등에서 맞붙어 있는
채로 씻은 뒤 키친타월로 물기를 걸어 내고 밀가루를 둘러 살짝 털어 낸다.

냄비에 식용유를 담아 180~190℃, 또는 깍둑썬 빵이 30초 만에
노릇해질 때까지 달군다. 정어리를 넣어 노릇해질 때까지 튀긴다.
구멍 뚫린 국자나 뜰채로 건진 뒤 키친타월에 올려 기름기를 걸어 낸다.
소금을 약간 넣어 간한다.

오븐을 200℃로 예열하고 내열 대접에 올리브기름을 바른다.

끓는 소금물에 지티를 넣고 가운데의 심이 살짝 씹힐 정도(알 덴테)로 삶아
건진다. 삶은 물은 버린 뒤 냄비에 면과 소스 절반을 넣고 버무린다.

내열 대접에 파스타 절반을 깔고 정어리 튀김을 올린다. 재료를
다 쓸 때까지 소스와 정어리를 번갈아 올리되 꼭 소스로 마무리한다.
오븐에 넣고 10분 굽는다.

애호박 푸실리

FUSILLI ALLE ZUCCHINE

애호박은 아무래도 제철인 여름에 가장 맛있지만 사시사철 맛이 괜찮은 걸 살 수 있다. 껍질이 매끄럽고 윤이 나는 걸 고른다. 이 소스에는 짧고 긴 거의 모든 건면 파스타와도 어울린다. 마무리에 파슬리, 바질, 오레가노 같은 생허브를 뿌려 낸다.

●

4인분
준비: 10분
조리: 30분

●

올리브기름 2큰술
버터 25g
양파 1개, 곱게 썬다
애호박 6개, 썬다
푸실리 건면 350g
달걀노른자 1개분
갓 갈아 낸 로마노(페코리노) 치즈 40g
소금과 후추

팬을 불에 올리고 올리브기름을 두른 뒤 버터를 담아 녹인다. 양파를 더해 약불에서 가끔 뒤적이며 살짝 노릇해질 때까지 8~10분가량 볶는다. 애호박을 더해 소금으로 간하고 부드러워질 때까지 20분 더 익힌다.

그 사이 끓는 소금물에 푸실리를 넣고 가운데의 심이 살짝 씹힐 정도(알 덴테)로 삶은 뒤 건져 따뜻한 접시에 담는다.

애호박을 불에서 내리고 달걀노른자를 더해 골고루 잘 버무린 뒤 파스타 위에 얹는다. 로마노(페코리노) 치즈를 솔솔 뿌리고 후추로 간하여 바로 낸다.

시금치와
리코타 라비올리

RAVIOLI DI MAGRO

일요일이나 명절에 만드는 이 라비올리의 래시피는 지역뿐만 아니라 집집마다 조금씩 다르다. 래몬 제스트나 너트메그를 1자밤씩 더하는 등 각자의 비결이 있다. 삶을 때 벌어지지 않도록 라비올리 속에 공기가 들어가지 않게 주의한다. 소가 삐져나오지 않도록 반죽의 가장자리에 물이나 달걀흰자를 바르고 잘 눌러 여민다.

●

6인분
준비: 30분, 휴지 30분 별도
조리: 10분

●

중력분 또는 이탈리아 '00' 밀가루 300g, 두를 것 별도
달걀 3개
버터 50g
생세이지 잎 8장
몽글몽글한 리코타 치즈 120g
갓 갈아 낸 파르미지아노 치즈 50g
소금

소:
시금치 1.5kg
리코타 치즈, 500g
달걀 2개, 푼다
갓 갈아 낸 파르미지아노 치즈 2큰술
소금과 후추

소를 만든다. 시금치를 씻은 뒤 팬에 넣고 불에 올려 익힌다. 잎에 맺힌 물기만으로 5~10분 익혀 물기를 걷어 내고 다진다.

그릇에 리코타 치즈와 다진 시금치를 담고 나무 숟가락으로 누른다. 달걀과 파르미지아노 치즈를 더하고 소금과 후추로 입맛에 따라 간한 뒤 아주 매끈한 소가 되도록 잘 섞는다.

밀가루, 달걀, 소금 1자밤으로 파스타 반죽을 만든다.(달걀 생파스타, 48쪽 참조)

파스타 반죽을 얇게 밀어 한쪽 면에 소를 일정한 간격과 양으로 올린 뒤 나머지 면으로 덮는다. 라비올리를 평소보다 좀 더 크게 잘라낸 뒤 가장자리를 눌러 여민다.

끓는 소금물에 라비올리를 넣고 2분가량 익힌 뒤 건져 따뜻한 접시에 담는다.

팬을 불에 올리고 버터를 넣고 녹인 뒤 세이지 잎을 더해 잎이 노릇해질 때까지 익혀 세이지 버터 소스를 만든다. 라비올리에 리코타 치즈와 파르미지아노 치즈를 솔솔 뿌리고 세이지 버터 소스를 끼얹어 낸다.

단호박 토르텔리

TORTELLI DI ZUCCA

만투아 지방이 고향인 단호박 토르텔리는 원래 크리스마스의
전통 음식이었지만 요즘은 사시사철 먹는다. 소에 부순 아마레티 비스킷을
더해 단맛을 더 돋우기도 하니 빵가루 대신 쓰면 색다른 맛을 낼 수도 있다.
토르텔리 또한 삶을 때 소가 삐져나오지 않도록 가장자리를 잘 여민다.

●

4인분
준비: 20분
조리: 1시간 15분

●

단호박 500g, 껍질 벗기고 씨를 발라 썬다
올리브기름 2큰술
갓 갈아 낸 파르미지아노 치즈 200g, 뿌릴 것 별도
달걀 2개, 푼다
빵가루 80~120g
달걀 생파스타(48쪽 참조) 레시피 1개 분량
버터 50g
생세이지 잎 8장
소금과 후추

오븐을 180℃로 예열한다.

단호박을 제과제빵팬에 올려 올리브기름을 끼얹고 은박지로 덮어
오븐에 넣은 뒤 1시간 굽는다.

구운 단호박을 푸드 밀에 넣고 갈아 대접에 담고 파르미지아노 치즈와
달걀을 더한 뒤 입맛에 따라 소금과 후추로 간한다. 걸쭉해질 때까지
빵가루를 충분히 더해 섞는다.

달걀 생면 반죽을 얇게 민 뒤 지름 7.5cm의 쿠키 틀로 원을 찍어 낸다.
각 원의 중심에 단호박 소를 숟가락으로 떠 올리고 반으로 접은 뒤
가장자리에 주름을 잡아 여민다.

끓는 소금물에 토르텔리를 넣고 2분가량 익힌 뒤 건져 따뜻한 접시에
담는다.

팬을 불에 올리고 버터를 넣어 녹인 뒤 세이지 잎을 더해 잎이 노릇해질
때까지 익혀 세이지 버터 소스를 만든다. 토르텔리에 파르미지아노 치즈를
솔솔 뿌리고 세이지 버터 소스를 끼얹어 낸다.

볼로냐식
라자냐

LASAGNE ALLA BOLOGNESE

전 세계적으로 사랑받는 레시피인 볼로냐식 라자냐의 고향은
에밀리아로마냐 지방이다. 라자냐는 미리 만들어 냉동 혹은 냉장 보관
했다가 오븐에 구워 바로 낼 수 있으므로 큰 규모의 가족 혹은 친구 모임에
완벽하게 어울리는 요리이다. 가장자리가 바삭한, 완벽한 라자냐를 굽고
싶다면 일단 전체를 은박지로 덮어 오븐의 한가운데 칸에서 15분 굽는다.
그리고 은박지를 걷어 낸 뒤 표면이 바삭해지도록 마저 굽는다. 고기 소스
대신 페스토를 쓰면 채식 라자냐를 만들 수 있다.

●

4인분
준비: 1시간
조리: 30분, 휴지 5분 별도

●

올리브기름 3큰술
당근 1개, 곱게 썬다
양파 1개, 곱게 썬다
간 쇠고기 300g
달지 않은 화이트 와인 100ml
토마토 파사타 250g
버터 25g, 바를 것 별도
달걀 생파스타(48쪽 참조) 레시피 1개 분량
베샤멜 소스(38쪽 참조) 레시피 1개 분량
갓 갈아 낸 파르미지아노 치즈 65g
소금과 후추

팬에 올리브기름을 두르고 불에 올려 달군 뒤 당근과 양파를 더해
약불에서 가끔 뒤적이며 5분 볶는다. 고기를 더해 노릇해질 때까지
볶은 뒤 와인을 붓고 알코올이 날아갈 때까지 끓인다. 소금으로 간하고
파사타를 넣어 30분 보글보글 끓인 뒤 후추로 간하여 고기 소스를 만든다.

오븐을 200℃로 예열한다. 오븐 사용이 가능한 접시에 버터를 바른다.

파스타 반죽을 얇게 밀어 10cm의 정사각형으로 자른 뒤 끓는 소금물에
몇 장씩 넣어 몇 분 삶는다. 건진 뒤 축축한 행주에 올린다.

버터를 바른 접시의 바닥에 라자냐 면을 한 겹 깔고 고기 소스와
베샤멜 소스를 차례대로 떠서 펴 바른 뒤 파르미지아노 치즈를 솔솔
뿌리고 점을 찍듯 버터를 올린다. 남은 재료를 반복하며 차례로 올리되
마지막에는 베샤멜 소스를 바른 뒤 파르미지아노 치즈를 뿌려 마무리한다.
오븐에 넣고 30분 동안 구운 뒤 꺼낸다. 5분 동안 식힌 뒤 낸다.

베샤멜 소스의
카넬로니

CANNELLONI ALLA
BESCIAMELLA

말아서 굽는 카넬로니에는 어떤 소를 채워도 좋다. 지역이나 가정마다
자신만의 카넬로니를 만들어 먹는다. 기본 레시피를 익히고 나면 내키는
대로 소를 채울 수 있다. 리코타 치즈와 시금치, 또는 라구 등을 예로 들 수
있다. 베샤멜 소스 또는 가벼운 파스타 소스를 카넬로니에 얹어 굽는다.

●

4인분
준비: 30분
조리: 20분, 휴지 5분 별도

●

버터 25g, 바를 것 별도
시금치 300g
구운 송아지고기● 200g, 다진다
염장 햄 1쪽, 다진다
갓 갈아 낸 파르미지아노 치즈 2큰술
달걀 1개, 푼다
달걀 생파스타(48쪽 참조) 레시피 1개 분량
베샤멜 소스(38쪽 참조) 레시피 1개 분량
소금과 후추

오븐을 200℃로 예열한다. 오븐 사용이 가능한 접시에 버터를 바른다.

시금치를 씻은 뒤 팬에 넣고 불에 올려 잎에 맺힌 물기만으로 5~10분
익힌다. 물기를 걷어 내고 푸드 밀에 넣어 간 뒤 그릇에 담고 송아지고기,
햄, 파르미지아노 치즈, 달걀을 넣어 섞는다. 소금과 후추로 간한다.

파스타 반죽을 얇게 밀어 큰 정사각형으로 자른 뒤 끓는 소금물에
몇 장씩 넣어 6~7분 삶는다. 건진 뒤 축축한 행주에 올린다.

시금치 소에 베샤멜 소스를 약간 섞은 뒤 파스타 위에 얹어
대각선 방향으로 만다.

버터를 바른 접시의 바닥에 카넬로니를 깔고 남은 베샤멜 소스를 끼얹은
뒤 버터를 올린다. 오븐에 넣어 20분 구운 뒤 꺼낸다. 5분 두었다 낸다.

● 쇠고기로 대체할 수 있다.

138

감자 뇨키

GNOCCHI DI PATATE

뇨키는 삶은 감자보다 찐 것으로 만들어야 가볍고 단단하며 맛있다.
뇨키를 빚은 뒤에는 부스러지지 않도록 소금으로 가볍게 간을 한 물에
삶는다. 뇨키는 세이지 버터와 파르미지아노 치즈에 버무려야 맛있지만
고전적인 토마토 소스, 라구, 녹인 고르곤졸라 치즈 등과 짝지어도 좋다.
뇨키 반죽에 찐 시금치를 더하면 녹색을 낼 수 있다.

●

6~8인분
준비: 1시간
조리: 25~30분

●

감자 1kg, 껍질 벗겨 4cm로 썬다
중력분 120~200g, 두를 것 별도
달걀 1개, 푼다
소금
세이지 버터(34쪽 참조), 버무릴 것
갓 갈아 낸 파르미지아노 치즈, 뿌릴 것

감자를 부드러워질 때까지 25분가량 찐 뒤 뜨거울 때 으깬다.
밀가루 120g, 달걀, 소금 1자밤을 더해 부드럽고 탄력 있는 반죽을
만든다. 질감을 보고 밀가루를 추가한다. 이때 감자와의 비율에
신경을 쓴다. 밀가루를 너무 많이 쓰면 뇨키가 단단해지고,
적게 쓰면 삶으면서 부스러진다. 맛을 보며 소금으로 간을 한다.

반죽을 지름 1.5cm의 긴 막대로 밀어 2cm 길이로 썬다. 엄지손가락에
밀가루를 두르고 반죽의 가운데를 살짝 눌러 보조개를 잡아 준 뒤
고운 강판에 등을 굴려 골을 낸다. 빚은 뇨키는 밀가루를 두른 행주 위에
한 겹으로 올린다.

뇨키는 만들자마자 바로 삶는 게 좋은데, 당장 먹을 게 아니라면 삶은 뒤
지퍼 백에 1인분씩 담아 냉동 보관한다. 끓는 소금물에 뇨키를 몇 개씩
넣어 익히고 떠오르면 구멍 뚫린 국자로 건진다. 오래 삶으면 부스러지니
주의한다. 건진 뇨키는 따뜻한 접시에 담아 세이지 버터를 넣어 버무리고
파르미지아노 치즈를 솔솔 뿌려 바로 낸다.

아스파라거스
리소토

RISOTTO CON GLI ASPARAGI

섬세하고도 세심한 여름 요리인 이 리소토는 아스파라거스의 맛을 한결
더 돋워 준다. 레시피가 어렵지 않으니 천천히 따라 하면 아스파라거스
리소토의 맛을 잘 낼 수 있을 것이다. 아스파라거스는 가운데에 심이
살짝 씹히도록 오래 삶지 않는다. 특히 크기에 따라 삶는 시간이 달라지고
리소토를 끓이는 동안에도 익는다는 사실을 염두에 두자. 줄기가 부러지지
않도록 삶은 아스파라거스를 리소토에 조심스레 더한다.

❀ ⚘

●

4인분
준비: 5분
조리: 45~50분

●

아스파라거스 500g, 단단한 줄기 아랫부분은 잘라 낸다
채소 육수(33쪽 참조) 1.5L
버터 65g
올리브기름 3큰술
양파 ½개, 다진다
리소토 쌀 350g
소금
갓 갈아 낸 파르미지아노 치즈, 뿌릴 것

끓는 소금물에 아스파라거스를 넣고 부드러워질 때까지 10~12분
삶은 뒤 건져 줄기는 썰어 내 다지고 끝은 둔다.

육수를 끓이고 그 사이 프라이팬에 버터 15g을 넣고 불에 올려 녹인 뒤
아스파라거스 끝을 넣는다. 약불에서 가끔 뒤적이며 5분가량 볶은 뒤
불에서 내린다.

큰 팬을 불에 올려 남은 버터 2큰술과 올리브기름을 넣고 달궈
양파를 더한 뒤 약불에서 가끔 뒤적이며 5분 볶는다. 쌀을 넣고
알갱이에 녹은 버터와 기름이 잘 입혀질 때까지 뒤적거린 뒤 다진
아스파라거스 줄기를 더한다.

뜨거운 육수를 한 국자 떠 쌀에 더하고 쌀이 육수를 전부 빨아들일
때까지 저으며 섞는다. 육수를 다 쓸 때까지 18~20분 정도 같은 과정을
되풀이한다. 쌀이 부드럽게 익으면 남은 버터와 아스파라거스 끝을 더해
섞는다. 파르미지아노 치즈를 솔솔 뿌려 낸다.

해산물 리소토

RISOTTO AI FRUTTI DI MARE

🌾 🧴

이 리소토는 아주 신선하다면 어떤 해산물로도 끓일 수 있다. 섬세한 맛을 불어 넣어 주는 토마토 페이스트(퓌레)를 빼고 만들면 '하얀' 리소토를 끓일 수 있다. 팬에 기름을 약간 두르고 손질한 홍합을 넣은 뒤 불에 올려 입을 벌릴 때까지 익히면 살을 발라내기 쉽다. 입을 열지 않은 홍합은 버린다. 홍합 익힌 국물은 리소토에 쓸 수 있다. 홍합 약간을 껍데기째 남겨 두었다가 다 끓인 리소토에 고명으로 올린다.

●

4인분
준비: 10분
조리: 50분

●

올리브기름 4큰술
양파 1개, 다진다
마늘 1쪽, 껍질 벗긴다
손질한 모둠 해산물 600g, 주꾸미, 갑오징어 등
생선 육수(32쪽 참조) 1.2L
달지 않은 화이트 와인 175ml
토마토 페이스트(퓌레) 2큰술
리소토 쌀 300g
홍합 살 200g(소개글 참조)
다진 생이탈리안 파슬리 1작은술
소금과 후추

큰 팬에 올리브기름을 두르고 불에 올려 달군 뒤 양파와 마늘을 넣고 약불에서 살짝 노릇해질 때까지 10분 볶는다. 마늘은 건져 버리고 해산물을 더한 뒤 몇 분 더 익힌다.

그 사이 다른 팬에 육수를 끓인다. 와인을 해산물에 끼얹고 알코올이 날아갈 때까지 끓인 뒤 입맛에 따라 소금으로 간한다. 물 3큰술을 붓고 토마토 페이스트(퓌레)를 더해 10분 더 끓인다. 쌀을 넣고 쌀이 물을 전부 흡수할 때까지 계속 저어가며 끓인다.

뜨거운 육수를 한 국자 떠 쌀에 더하고 쌀이 육수를 전부 빨아들일 때까지 저으며 섞는다. 육수를 다 쓸 때까지 18~20분 정도 같은 과정을 되풀이한다. 쌀이 거의 부드럽게 익으면 홍합을 넣고 살포시 섞어 준다. 파슬리를 솔솔 뿌려 낸다.

완두콩 리소토

RISI E BISI

유기농 완두콩을 쓴다면 콩알을 발라내고 남은 깍지도 쓸 수 있다.
소금물에 부드러워질 때까지 삶은 뒤 퓌레로 갈아 콩알과 함께 쌀에
더한다. 리소토는 완성 단계에서도 수프처럼 물기가 많아야 하는데,
이탈리아어로 '파도 같다'라는 뜻인 '올론다(all'onda)'라 일컫는다.
채식 요리로 만들지 않는다면 콩과 판체타를 함께 볶아 맛을 낸다.

●

4인분
준비: 10분
조리: 35분

●

채소 육수(33쪽 참조) 1.2L
식용유 3큰술
버터 50g
양파 1개, 다진다
마늘 1쪽, 껍질 벗긴다
셀러리 줄기 1대, 다진다
완두콩 250g
리소토 쌀 200g
갓 갈아 낸 파르미지아노 치즈 25g
소금

육수를 끓인다. 다른 팬에 기름과 버터 반을 두르고 불에 올려 달군 뒤
양파, 마늘, 셀러리를 넣고 약불에서 가끔 뒤적이며 5분 볶는다.
마늘은 건져 버린다.

팬에 콩을 먼저 넣고 그 다음에 쌀을 넣는다. 1분 동안 뒤적인 뒤 육수
한 국자를 더해 섞는다. 쌀이 육수를 전부 빨아들일 때까지 저으며 섞는다.
육수를 다 쓸 때까지 20분 정도 같은 과정을 되풀이한다. 입맛에 따라
소금으로 간하고 남은 버터와 파르미지아노 치즈를 더해 섞은 뒤 그릇에
담아낸다.

밀라노식 리소토

RISOTTO ALLA MILANESE

롬바르디 지역의 가장 상징적인 요리 가운데 하나인 밀라노식 리소토에는 원래 소 골수를 쓴다. 그래야 특유의 맛이 나는 진한 리소토를 끓일 수 있지만 가볍게 먹고 싶다면 안 써도 좋다. 이탈리아에서는 밀라노식 리소토가 주요리 전에 먹는 첫 코스이지만 전통을 따라 오소 부코(216쪽 참조)와 함께 낸다면 따뜻한 겨울 음식 한 끼로 거듭난다.

4인분
준비: 5분
조리: 50분, 휴지 5분 별도

고기 육수(30쪽 참조) 1.5L
소 골수 20g
버터 80g
작은 양파 1개, 다진다
리소토 쌀 350g
달지 않은 화이트 와인 120ml(선택 사항)
사프란 ½작은술
갓 갈아 낸 파르미지아노 치즈 80g
소금과 후추

육수를 냄비에 넣고 불에 올려 끓기 시작하면 다시 불을 줄여 부글부글 끓는 상태를 유지한다. 육수가 너무 차가우면 쌀의 전분이 굳어 리소토가 풀처럼 끈끈해지므로 굉장히 중요하다.

팬에 소 골수와 버터 60g을 넣고 불에 올려 달군다. 양파를 더해 반투명해질 때까지 15분가량 약불에서 볶는다.

쌀을 넣고 모든 알갱이에 녹은 버터와 골수가 골고루 입혀지고 가장자리가 투명해질 때까지 1~2분 잘 볶는다. 와인을 더해 알코올이 날아갈 때까지 뒤적이며 끓인다.

뜨거운 육수를 한 국자 떠 쌀에 더하고 쌀이 육수를 전부 빨아들일 때까지 저으며 선다. 부드럽게 익을 때까지 같은 과정을 되풀이한다. 육수는 계속 부글부글 끓어야 한다. 계속 저으며 육수를 더하면 15~20분가량 걸릴 것이다. 쌀의 전분이 유화되어야 리소토가 크림처럼 매끈하고 부드러운 질감을 지니므로 계속 저어 준다.

리소토에 육수를 더하는 사이 작은 냄비에 사프란을 담고 물 2큰술을 부어 '사프란 차'를 우려낸다.

끓이면서 종종 맛을 보아 쌀이 익었는지 확인한다. 겉은 부드럽지만 가운데에 심이 씹히는 알 덴테 상태면 다 익은 것이다. 마지막 육수를 더하기 직전에 사프란 차를 섞어 준다. 쌀이 부드럽게 익으면 소금과 후추로 입맛 따라 간한다. 나중에 파르미지아노 치즈를 더하면 짜진다는 것을 염두에 두고 간을 한다. 팬을 불에서 내리고 남은 버터와 파르미지아노를 더한 뒤 뚜껑을 덮어 5분 두었다가 낸다.

갑오징어
먹물 리소토

RISOTTO NERO
CON LE SEPPIE

생선 가게에 갑오징어 손질을 맡긴다면 먹물 주머니를 남겨 달라고 부탁하자. 직접 손질한다면 다리를 몸통에서 살포시 잡아당겨 내장 전체를 뽑아낸 뒤 눈과 이빨은 버린다. 그리고 먹물 주머니를 잘라 씻은 뒤 먹물을 짜낸다.

•

4인분
준비: 1시간
조리: 55분

•

갑오징어 1kg, 손질해 먹물 주머니만 따로 둔다
생선 육수(32쪽 참조) 1L
올리브기름 3큰술
작은 양파 1개, 다진다
마늘 ½쪽, 다진다
달지 않은 화이트 와인 175ml
리소토 쌀 350g
버터 25g
소금과 후추

육수를 끓이고 손질한 갑오징어는 길게 썬다. 큰 팬에 올리브기름을 두르고 불에 올려 달군 뒤 양파와 마늘을 더하고 약불에서 가끔 뒤적이며 5분 볶는다.

갑오징어를 더하고 입맛 따라 소금과 후추로 간을 한 뒤 몇 분 더 끓인다. 와인과 물 160ml를 붓고 약불에서 20분 보글보글 끓인다.

쌀을 넣고 몇 분 더 끓인 뒤 뜨거운 육수와 갑오징어 먹물을 더해 쌀과 갑오징어가 부드럽게 익고 쌀이 수분을 빨아들일 때까지 20분 더 끓인다. 버터를 더해 잘 섞어 낸다.

버섯 리소토

RISOTTO AI FUNGHI

❀ ❀

이 리소토에는 포르치니가 가장 잘 어울리지만 다른 버섯을 써도 좋다. 생버섯은 절대 씻지 않아야 한다는 걸 명심하자. 따라서 줄기를 칼로 긁어 낸 뒤 솔로 먼지를 털어 낸다. 말린 포르치니를 쓴다면 40g을 포장에 적힌 조리법에 따라 따뜻한 물에 담가 불린다. 다 불린 버섯을 건져 내고 남은 물은 체에 내려 리소토에 쓴다. 다른 리소토와 달리 주재료인 버섯을 맨 처음이 아닌 마지막에 넣는다.

●

4인분
준비: 10분
조리: 30분

●

채소 육수(33쪽 참조) 1L
버터 80g
올리브기름 3큰술
포르치니를 위주로 썬 버섯 400g
양파 1개, 다진다
리소토 쌀 350g
소금과 후추

육수를 냄비에 부어 끓인다. 그 사이 팬에 버터 25g과 올리브기름 1큰술을 두른 뒤 불에 올려 녹인다. 버섯을 더하고 소금과 후추로 간한 뒤 뚜껑을 덮어 약불에서 익힌다.

다른 팬에 남은 버터 25g과 올리브기름 2큰술을 두르고 불에 올려 녹인다. 양파를 더해 가끔 뒤적이며 부드러워질 때까지 약불에서 5분 볶는다. 쌀을 더해 알갱이에 지방이 입혀질 때까지 1~2분 계속 뒤적이며 볶는다.

뜨거운 육수를 한 국자 떠 쌀에 더하고 쌀이 육수를 전부 빨아들일 때까지 저으며 섞는다. 육수를 다 쓸 때까지 20분 정도 같은 과정을 되풀이한다.

버섯의 ⅓을 리소토에 더해 섞은 뒤 불에서 내려 남은 버터를 넣고 부드럽게 저어 따뜻한 접시에 담는다. 남은 버섯을 리소토 한가운데에 담아 바로 낸다.

리볼리타

RIBOLLITA

리볼리타는 토스카나 전역에서 먹을 수 있는 상징적인 요리이지만 원래 소박한 시골 음식이었음을 기억하자. 요리의 이름도 조리법에서 따왔다. 남은 채소나 콩을 다시 데우고 양파를 썰어 넣는데, 언제나 올리브기름과 후추로 마무리한다. 카볼로 네로의 짙은 녹색 잎 없이는 리볼리타의 단순함이 살아나지 않는다. 리볼리타는 끓인 뒤 몇 시간 두었다가 먹거나, 아니면 아예 묵은 빵이 국물을 흡수한 다음 날 먹으면 더 맛있다.

●

4인분
준비: 30분, 밤새 불리기 별도
조리: 2시간 30분

●

올리브기름 3큰술, 뿌릴 것 별도
당근 1개, 곱게 썬다
양파 1개, 곱게 썬다
셀러리 줄기 1대, 곱게 썬다
토마토 혹은 통조림 토마토 3개, 껍질 벗긴다
생타임 1줄기
감자 2개, 굵게 썬다
카볼로 네로 675g, 채 썬다
흰콩 150g 또는 말린 흰콩 80g, 밤새 물에 담가 불린다
빵 4쪽
소금과 후추

큰 냄비를 불에 올리고 올리브기름을 둘러 달군 뒤 당근, 양파, 셀러리를 넣어 가끔 뒤적이며 부드러워질 때까지 약불에서 5분 볶는다.

토마토, 타임, 감자를 더해 몇 분 더 익힌 뒤 카볼로 네로와 콩을 더한다.

물 2L를 넣고 소금으로 간한다. 물이 끓으면 불을 줄이고 2시간 더 보글보글 끓인다.

오븐을 180℃로 예열한다.

빵을 큰 캐서롤(혹은 더치 오븐)에 담고 수프를 국자로 떠 끼얹는다. 오븐에 넣어 10분 구운 뒤 후추를 솔솔 뿌리고 올리브기름을 뿌려 낸다.

흰콩 파스타 수프

PASTA E FAGIOLI

❀ ♈ 🗋

흰콩 파스타 수프는 이탈리아 대부분의 지역에서 조금씩 다른 버전으로 먹을 수 있는 흔하고도 전통적인 시골 요리이다. 마케론치나나 디탈리니처럼 짧은 면을, 아니면 레시피에서 권하듯 말탈리아티를 써도 좋다. 파르미지아노 치즈의 껍데기를 넣고 끓이면 더 강렬한 맛을 낼 수 있는데, 콩을 밤새 불릴 시간이 없으면 400g들이 콩 통조림을 대신 쓰되 끈끈한 전분 국물을 물로 말끔히 헹궈 낸다. 다만 수프를 다 끓이고 먹기 전에 건져 낸다.

●

4인분
준비: 30분, 밤새 불리기 별도
조리: 2시간 40분

●

흰콩 400g, 밤새 물에 담가 불린다
올리브기름 3큰술
세이지 잎 4장
마늘 1쪽, 다진다
토마토 파사타 3큰술
말탈리아티 건면 80g
소금과 후추

큰 냄비에 콩을 담아 찬물을 잠기도록 붓고 불에 올려 끓인다. 불을 낮춰 2시간가량 보글보글 끓인다. 삶은 콩 절반은 푸드 프로세서에 넣어 퓌레로 만든다.

냄비에 올리브기름을 두르고 불에 올려 달군 뒤 세이지 잎과 마늘을 넣어 몇 분 볶는다.

콩 퓌레와 물 1.5L를 더하고 소금과 후추로 간한 뒤 토마토 파사타를 넣는다.

마지막으로 나머지 콩을 더한다. 끓는 물에 말탈리아티를 넣어 겉은 부드럽지만 가운데는 딱딱한 알 덴테로 삶아 그릇에 담은 뒤 수프를 끼얹는다. 흰콩 파스타 수프는 차갑든 따뜻하든 맛있다.

리보르노식
카치우코

CACCIUCCO
ALLA LIVORNESE

리보르노의 역사가 남긴 유산은 요리를 통해 여전히 느낄 수 있다.
리보르노에는 안초비, 정어리, 오징어, 문어, 조개, 홍합 등 다양한 해산물을
활용한 요리가 많다. 유대인이 토마토를 소개한 이후에는 리보르노식
카치우코가 가장 인기 있는 요리로 자리 잡았다. 원래 카치우코는 남거나
상품 가치가 떨어지는 해산물로 끓이는, 가난한 이들을 위한 수프였다.
여기서는 특정 생선을 활용한 레시피를 알려 주지만, 구할 수 있는 것들
위주로 수프를 끓여도 좋다. 살이 단단한 생선부터 국물에 넣는다는 걸
기억하자.

●

6~8인분
준비: 15분
조리: 1시간

●

올리브기름 275ml
양파 1개, 곱게 다진다
마늘 2쪽, 곱게 다진다
고추 작은 것 1개, 씨를 발라내고 다진다
생이탈리안 파슬리 1줄기, 곱게 다진다
레드 또는 화이트 와인 550ml
토마토 3개, 껍질 벗겨 씨를 발라내고 깍둑썬다
다양한 생선(아구, 붕장어, 민물장어, 오징어나 갑오징어) 2.5kg, 손질해 토막 낸다
생선 육수(32쪽 참고, 선택 사항)
홍합 500g, 문질러 닦고 수염을 뗀다
소금과 후추
마늘을 문지른 토스트, 곁들일 것

내화 더치 오븐(캐서롤, 가능하다면 도기 제품)에 올리브기름을 두르고
불에 올려 달군다. 양파, 마늘, 고추, 파슬리를 더하고 소금과 후추로
간한 뒤 약불에서 계속 뒤적이며 10분가량 볶는다.

양파가 노릇해지면 와인을 부어 10분 끓이고 토마토를 더해 10분 더
보글보글 끓인다.

살이 단단한 생선을 국물에 더하고 따뜻한 물이나 생선 육수를 부은 뒤
센불에서 10분 끓인다.

더 섬세한 생선을 서서히 더하고 홍합을 넣어 마무리한다.(껍데기가 깨졌거나
쳐도 입을 다물지 않는 것, 조리 후에도 입을 벌리지 않는 것은 버린다.) 생선과 각종
해산물을 30분 동안 다 익힌다.

마늘을 문지른 토스트를 따뜻하게 데운 접시의 가장자리에 둘러 담는다.
접시 가운데에 스튜를 국자로 떠 담아 바로 낸다. 또는 토스트를
개인 접시에 담고 스튜를 국자로 떠 위에 부은 뒤 낸다.

밀라노식 미네스트로네

MINESTRONE ALLA MILANESE

🌿 🍲

미네스트로네는 계절에 따라 구할 수 있는 채소로 끓인다. 뜨겁게 내도 좋지만 전통적으로는 따뜻하게, 여름철에는 입맛을 돋우는 점심으로 차갑게 먹는 수프이다. 언제나 올리브기름을 끼얹어 마무리하며, 판체타만 빼면 채식 요리가 된다.

●

4~6인분
준비: 30분
조리: 2시간 50분

●

라돈 또는 판체타 40g
마늘 ½쪽
양파 ½개
생이탈리안 파슬리 1줄기
셀러리 줄기 1대
토마토 3개, 껍질 벗겨 씨를 발라내고 깍둑썬다
당근 2개, 곱게 썬다
감자 3개, 곱게 썬다
애호박 2개, 곱게 썬다
올리브기름 2큰술
완두콩 200g
양배추 ½통, 채친다
생보를로티콩 100g
장립종 쌀 100g
생세이지 잎 4장, 다진다
생바질 잎 6장, 다진다
소금
갓 갈아 낸 파르미지아노 치즈, 뿌릴 것

판체타를 마늘, 양파와 함께 곱게 다진 뒤 파슬리와 셀러리를 더해 좀 더 다진다. 냄비에 다진 재료 모두와 토마토, 당근, 감자, 애호박을 넣은 뒤 올리브기름을 더하고 물 2L를 붓는다. 소금으로 간하고 센불에서 끓인다. 부글부글 끓어오르면 불을 줄여 2시간 이상 끓인다.

완두콩과 양배추, 콩을 더해 15분, 그리고 마지막으로 쌀을 더해 저으며 부드러워질 때까지 18분 더 끓인다. 다 끓인 미네스트로네는 꽤 걸쭉하다. 허브를 더해 잘 섞고 국자로 떠 그릇에 담은 뒤 파르미지아노 치즈를 넉넉히 뿌려 낸다. 뜨거울 때도 아주 맛있지만 따뜻해도, 또한 여름에는 차갑게 먹어도 맛있다.

꽁보리 수프

ZUPPA D'ORZO

♨ 🍶 🥘

포만감도 좋고 맛있으며 푸근한 꽁보리 수프는 추운 겨울에 기운을 돋워주는 음식이다. 북부 알토 아디제의 붙박이인 꽁보리 수프는 채소와 훈제 돼지고기를 쓰며 천천히 오래, 2시간 이상 끓여야 맛이 난다. 하지만 일단 불에 올려놓으면 딱히 신경을 안 써도 되므로 만드는 동안 다른 요리를 하면 된다. 채소, 곡식, 단백질을 고루 담아, 꽁보리 수프 한 그릇이 끼니 역할을 충분히 해낸다. 꽁보리 대신 누른 보리로 끓여도 좋다.

●

4인분
준비: 15분
조리: 2시간

●

스펙(훈제 프로슈토) 100g, 깍둑썬다
꽁보리 100g
훈제 돼지고기 100g, 깍둑썬다
당근 1개, 잘게 깍둑썬다
셀러리 줄기 1대, 잘게 깍둑썬다
감자 1개, 잘게 깍둑썬다
양파 작은 것 1개
서양대파 1대, 썬다
소금

팬에 스펙을 넣고 불에 올려 비계가 꽤 반투명해질 때까지 굽는다.

꽁보리를 씻어 훈제 돼지고기와 함께 팬에 더한다. 물 1.5L를 붓고 종종 저으며 아주 약한 불에서 1시간 30분가량 끓인다.

당근, 셀러리, 감자 모두 잘게 썰어 더하고 마지막으로 양파와 서양대파도 썰어 넣는다. 소금으로 간하고 30분 더 끓인다. 팬을 불에서 내리고 수프를 그릇에 담아 뜨거울 때 낸다.

토르텔리니 수프

TORTELLINI IN BRODO

달걀 생면으로 빚는 토르텔리니는 에밀리아로마냐 지방의 전통 라비올리로 고기, 햄, 모르타델라, 파르미지아노 치즈 등 그 지방의 식재료를 채워 풍성한 맛을 낸다. 볼로냐와 모데나가 서로 자기 지역의 식재료를 써야 제 맛이 난다고 주장하지만 사실 모든 전통 레시피와 마찬가지로 토르텔리니 또한 가정마다 조금씩 다르다. 국물은 어떤 재료로 내든 고기 바탕에 진해야 하며 소와 더불어 가장 좋은 재료를 써 준비한다. 소를 채운 여느 파스타와 마찬가지로 토르텔리니 또한 냉동 보관했다가 꺼내 바로 익혀 먹을 수 있다.

●

4인분
준비: 1시간, 냉장 보관 24시간 별도
조리: 40분

●

생로즈메리 1줄기
마늘 1쪽
버터 20g
돼지 안심 100g, 깍둑썬다
프로슈토 100g, 곱게 다진다
모르타델라 100g, 곱게 다진다
갓 갈아 낸 파르미지아노 치즈 100g, 뿌릴 것 별도
갓 갈아 낸 너트메그 1자밤
달걀 1개, 푼다
달걀 생파스타(48쪽 참조) 레시피 1개 분량
고기 육수(30쪽 참조) 1.5L, 함께 낼 것
소금과 후추

로즈메리 잎을 마늘과 함께 다져 팬에 넣고 불에 올린 뒤 버터를 더해 살포시 볶는다. 돼지 안심과 소금 1자밤을 더해 약불에서 30분 더 익힌다. 고기를 건져 식힌 뒤 곱게 다진다.

프로슈토(파르마 햄), 모르타델라, 다진 돼지고기, 파르미지아노 치즈, 너트메그, 달걀을 더해 잘 섞은 뒤 소금과 후추로 간한다. 24시간 냉장 보관한다.

파스타 반죽을 깨끗한 작업대에 올려 얇게 민 뒤 페이스트리용 원형날 칼을 사용하여 4cm 정사각형으로 잘라 낸다. 각 반죽에 소를 조금씩 올린다.

파스타 반죽을 반으로 접어 삼각형을 만든 뒤 가장자리를 여민 다음 가장 긴 변이 몸쪽을 보도록 방향을 잡아 준다.

검지 위에 올려 긴 변을 손바닥 쪽으로 접은 뒤 양끝에 달걀을 발라 가볍게 눌러 여민다.

큰 팬에 육수를 끓여 토르텔리니를 넣고 겉은 부드럽고 속은 심이 씹히는 알 덴테로 2분간 삶는다. 구멍 뚫린 국자로 토르텔리니를 건져 그릇에 담고 국물을 넣은 뒤 파르미지아노 치즈를 넉넉하게 곁들여 낸다.

카네델리

CANEDERLI

카네델리는 북부의 알토 아디제와 트렌티노 두 지방의 붙박이 요리이다. 만두 같은 카네델리는 국물 없이, 혹은 국물에 끓여 함께 내기도 한다. 빵의 상태에 따라 우유로 반죽의 물기를 조정한다. 국물 없이 낼 때는 옆의 사진처럼 녹인 버터와 파르미지아노 치즈, 혹은 토마토 버섯 소스와 함께 낸다. 반죽을 30분 두었다가 빚으면 카네델리가 더 단단해진다.

●

6인분
준비: 30분
조리: 30분

●

우유 1L
빵 600g, 겉껍질은 벗겨낸다
올리브기름
훈제 라드 120g, 잘게 깍둑썬다
양파 1개, 곱게 다진다
살라미 50g
생이탈리안 파슬리 1줄기, 다진다
중력분 50g
달걀 2개
소금과 후추

우유를 그릇에 붓고 빵을 담가 부드럽게 불린다. 팬에 올리브기름 2큰술을 두르고 불에 올려 달군 뒤 라드를 넣고 살짝 투명해질 때까지 볶는다.

다른 팬에 올리브기름 2큰술을 둘러 불에 달군 뒤 양파를 넣고 살짝 노릇해지도록 볶는다.

우유에 불린 빵을 짜서 그릇에 담고 양파, 라드, 살라미, 파슬리, 밀가루, 달걀, 소금과 후추를 더해 고루 잘 섞는다. 작은 귤만 한 크기로 떼어 둥글게 빚는다.

카넬리니를 국물 없이 낸다면 물에 5~10분 삶아 건진 뒤 녹인 버터나 찍어 먹을 토마토 소스와 함께 낸다. 3~4개가 1인분이다.

고르곤졸라 폴렌타

POLENTA AL GORGONZOLA

간단하면서도 고급스러운 고르곤졸라 폴렌타는 완벽한 맛과 질감의
조합으로 맛있는 롬바르디아 블루 치즈의 장점을 드러내어 준다.
물론 폴렌타의 고향도 롬바르디아이다.

●

4인분
준비: 55~60분
조리: 10~15분

●

굵은 폴렌타 가루 350g
버터 150g, 4등분 한다
고르곤졸라 치즈 150g, 썬다
소금
갓 갈아 낸 파르미지아노 치즈, 뿌릴 것

소금물 1.2L로 폴렌타를 뻑뻑하게 끓인다.(45쪽 참조)

오븐을 180℃로 예열한다.

폴렌타가 뜨거울 때 개인 내열 용기에 나눠 담고 한가운데에 버터를
한 쪽씩 올린 뒤 손가락으로 지그시 눌러 가라앉힌다. 그 위에 고르곤졸라
치즈를 한 쪽씩 올린다.

오븐에 넣어 버터와 고르곤졸라 치즈가 완전히 녹을 때까지 구운 뒤 꺼내
파르미지아노 치즈를 곁들여 낸다.

부활절 파이

TORTA PASQUALINA

채소, 달걀, 리코타 치즈를 채워 고기 없이도 풍성한 맛을 낼 수 있는 부활절 파이는 채소나 샐러드와 함께 첫 번째 코스로도, 주요리로도 낼 수 있다. 이 파이는 리구리아 지방의 부활절 점심 전통 메뉴이지만 다음 날 식은 걸 먹어도 맛있다. 사실 이탈리아에서는 부활절 다음 월요일에 가는 소풍 때 이 파이를 먹는다.

Ⓥ

12인분
준비: 1시간
조리: 1시간

버터, 바를 것
근대 600g
달걀 10개
리코타 치즈 300g
갓 갈아 낸 파르미지아노 치즈 2큰술
빵가루 2큰술
생크림 200ml
다진 생마저럼 잎 1큰술
퍼프 페이스트리 반죽(기성품) 400g, 냉동됐다면 해동한다
중력분, 두를 것
올리브기름, 바를 것
소금과 후추

오븐을 200℃로 예열한다. 크고 깊은 파이 접시에 버터를 바른다.

끓는 소금물에 근대를 넣고 부드러워질 때까지 10분가량 삶아 건진 뒤 다진다.

그릇에 달걀 4개를 푼다. 리코타 치즈를 체에 내려 대접에 담고 푼 달걀, 파르미지아노 치즈, 빵가루, 생크림을 더하고 소금과 후추로 간한다. 근대와 마저럼 잎을 더해 잘 섞는다.

페이스트리 반죽 절반을 밀가루를 가볍게 두른 작업대에 올려 반으로 나눈 뒤 각각 얇게 민다. 준비한 파이 접시의 가장자리가 밖으로 삐져나오도록 반죽 1장을 두른 뒤 올리브기름을 바른다.

위에 두 번째 반죽을 올리고 만든 소 절반을 붓는다. 소에 구멍을 여섯 군데 내고 달걀을 1개씩 깨 넣는다. 소금과 후추로 간을 한 뒤 남은 소로 덮고 물에 적신 나이프로 표면을 고른다.

남은 반죽을 둘로 나눈 뒤 얇게 민다. 1장을 소 위에 올리고 올리브기름을 바른 뒤 다음 장으로 덮고 가장자리에 주름을 잡아 여민다. 윗면을 포크로 골고루 찔러 준 뒤 오븐에 넣어 1시간 굽는다. 뜨겁거나 차갑게 먹을 수 있다.

주요리

SECONDI PIATTI

전통적으로 이탈리아에서 주요리란 고기나 생선이 바탕이 된 요리가 많았고, 채소 요리는 최근에 인정받기 시작했다. 하지만 고기, 생선, 갑각류, 채소 등 어떤 재료를 쓰더라도 주요리의 핵심은 단백질이다. 이탈리아에서 주요리는 프리미 피아티나 안티파스토 뒤에 등장하므로 세콘디 피아티, 즉 두 번째 요리라 일컫는다. 특별한 경우를 위한 것이든 일상의 끼니든 이탈리아의 식사는 대체로 한 가지 이상의 코스(대개 첫 번째 코스와 주요리)로 구성되어 있고 다른 요리에 비해 양이 좀 적다.

간단히 구운 스테이크부터 좀 더 품이 많이 드는 통구이나 스튜(바롤로 쇠고기 조림, 202쪽 참조)처럼 고기 바탕의 주요리가 가장 큰 인기를 누린다. 지역에 따라 다른 고기로 전통적인 메뉴를 구성하는데, 이탈리아 북부라면 송아지, 돼지, 닭고기가 가장 흔하다. 멧돼지(196쪽 참조)나 사슴과 같은 야생 동물은 다른 지역, 특히 토스카나에서 인기가 엄청나다. 다른 나라와 달리 이탈리아에서는 송아지가 아주 흔해 마트나 정육점에서 쉽게 살 수 있다. 사실 송아지고기는 세계 2차 대전 이후부터 인기를 누리기 시작했는데 이제 쇠고기보다 더 많이 먹는다.

시칠리아 같은 섬이나 아말피 같은 해변가 소도시에서는 생선 및 갑각류를 더 흔히 먹을 수 있다. 이탈리아 요리에서 생선은 대체로 아주 간단히 요리하는 게 전통이라 은근히 삶거나 찌거나 앙 파피요트(176쪽 참조) 또는 소금 껍데기(184쪽 참조)에 넣거나 아니면 그대로 오븐에 구워 주요리치고도 가벼운 느낌이 든다. 재료 자체의 섬세한 맛이 두드러질 수 있도록 이탈리아 생선 요리의 레시피는 몇 가지의 재료만을 추가하도록 권하고 소스는 따로 낸다. 예를 들어 녹인 버터에 익힌 넙치(180쪽 참조)만 해도 생선의 맛이 빛나도록 정말 약간의 재료만 추가해 익힌다.

주요리의 식재료뿐만 아니라 레시피 또한 지역마다 다르다. 이탈리아 요리는 지역마다 식재료가 다르고, 설사 지역이 같더라도 소도시나 대도시마다 다르기도 하다. 기본적인 재료를 비율을 달리해 조합하면 다양한 맛을 즐길 수 있기 때문에 이탈리아 요리는 전 세계에서 사랑받고 있다. 진하고 푸짐한 북부부터 신선하고 가벼운 남부까지, 주요리는 이처럼 다채로운 지역의 다양성을 잘 보여 준다.

주요리에서는 핵심 식재료를 잘 써야 하는데, 특히 고기와 생선을 적은 양으로 간간이 내는 게 바람직하므로 가장 질 좋은 재료를 준비한다. 레시피를 읽다 보면 대부분 품이 많이 들어가는 식사도 의외로 재료가 많이 들어가지 않는다는 걸 알 수 있을 것이다. 이탈리아의 요리는 복잡한 조리 기술과 재료의 가짓수보다 신선함과 품질에 중점을 두기 때문이다.

달걀은 단백질의 중요한 공급원으로 다른 동물성 식재료를 대체할 수 있다. 부치거나 삶아서 채소를 곁들이거나 맛있는 프리타타를 구워 낼 수도 있다. 자유 방목란 가운데서도 가장 싱싱한 것만 골라 쓰자. 이탈리아 사람들은 달걀을 소금물에 담가 싱싱함을 판별한다. 가라앉는다면 싱싱하고(산란 후 사흘 이상 지나지 않은 것), 수면에 떠 있다면 덜 싱싱하다.(엿새 이상 지난 것) 달걀이 수면 위로 떠오른다면 버리는 게 낫다.

주요리에는 채소 곁들이나 콘토르노(254~285쪽 참조)를 함께 낸다. 둘 다 따뜻하게도 차게도 낼 수 있다. 따뜻한 계절에는 채소 콘토르노 대신 샐러드를 낼 수 있다. 주요리에 샐러드를 곁들인다면 다른 접시에 담아낸다. 주요리가 따뜻할수록 특히 신경을 쓴다.

꾸러미에
구운 농어

BRANZINO
AL CARTOCCIO

❀ 🍶 🧺

통생선이든 스테이크든 꾸러미(앙 파피요트)에 싸서 구울 수 있다. 생선을
유산지나 은박지에 싸서 구우면 배어 나오는 수분만으로 익기 때문에 간을
많이 할 필요가 없어 건강한 음식이다. 어떤 생선이든 부드럽게 익힐 수
있으니 꾸러미에 물을 미리 너무 많이 더하지 않는 게 좋다. 애호박, 당근,
감자, 올리브 등 좋아하는 채소를 생선과 함께 꾸러미에 넣어 익혀도 좋다.

●

4인분
준비: 20분
조리: 25분

●

올리브기름, 바르고 뿌릴 것
농어 1kg짜리 1마리, 비늘 벗기고 등뼈와 내장을 발라낸다
생로즈메리 1줄기
마늘 2쪽, 껍질 벗긴다
생파슬리 잎 1줄기, 다진다
썬 레몬 1개, 낼 것 별도
양파 1개, 링 모양으로 썬다
쪽파 2대, 썬다
달지 않은 화이트 와인 5큰술
소금과 후추

오븐을 200℃로 예열한다. 유산지를 잘라내 올리브기름을 바른다.

농어 배 속에 로즈메리와 마늘 1쪽을 넣고 소금과 후추로 간한 뒤
유산지 위에 올린다.

남은 마늘을 썬다. 농어 위에 파슬리를 솔솔 뿌리고 레몬, 양파, 쪽파,
마늘로 덮는다. 와인을 숟가락으로 떠 생선에 끼얹은 뒤 유산지를 덮어
완전히 여민다.

농어 꾸러미를 제과제빵팬에 얹어 오븐에 넣고 25분 굽는다.
올리브기름과 소금을 뿌리고 레몬을 올려 함께 낸다.

밀라노식 퍼치

PESCE PERSICO ALLA MILANESE

농어류의 식용 담수어인 퍼치는 이탈리아 북부에서 아주 흔하다. 뼈가 많아서 언제나 포를 떠서 요리한다. 퍼치를 찾을 수 없다면 포 뜬 송어나 도다리를 써도 좋다. 밀라노식 퍼치는 흰 리소토(51쪽 참조)에 얹어 내는 게 전통이다.

●

4인분
준비: 25분, 재워 두기 1시간 별도
조리: 6~8분

●

레몬즙 1개분, 거른다
올리브기름 4큰술
포 뜬 퍼치 600g
중력분 50g
달걀 1개
빵가루 80g
버터 50g
소금
썬 레몬, 곁들일 것

레몬즙과 올리브기름을 접시에 담은 뒤 섞고 퍼치를 올려 골고루 섞은 뒤 1시간 재워 둔다.

얇은 접시에 밀가루를 펴 담고, 다른 접시에 달걀을 깨 넣은 뒤 소금 1자밤을 더하고 풀어 준다. 또 다른 접시에 빵가루를 펴 담는다. 퍼치를 밀가루, 달걀, 빵가루의 순으로 그릇을 옮기며 묻혀 튀김옷을 입힌다.

큰 팬에 버터를 넣고 중불에 올려 달군 뒤 퍼치를 넣는다. 골고루 노릇해질 때까지 한 면당 3~4분 굽는다.

퍼치를 키친타월에 올려 기름기를 걷어 낸다. 따뜻한 접시로 옮겨 소금을 솔솔 뿌리고 썬 레몬을 곁들여 낸다.

녹인 버터에
익힌 넙치

SOGLIOLE CON
BURRO FUSO

넙치는 살이 단단하면서도 맛은 섬세하고 소화도 잘되는 생선이다.
요리법이 다양하지만 녹인 버터에 익히면 단순하면서도 정말 맛있다.
안초비를 더해도 좋고 마요네즈나 베어네이즈 소스를 곁들여도 맛있는데,
레시피처럼 녹인 버터에 익히는 것만으로도 더할 게 없다. 팬에 굽지 않고
화이트 와인과 버터와 함께 오븐에 넣고 익히면 요리가 좀 더 가벼워진다.
향긋한 마저럼 잎을 솔솔 뿌려 마무리해도 좋다.

4인분
준비: 15분, 담가 두기 15분 별도
조리: 20분

넙치 4마리, 손질해 지느러미는 잘라 내고 껍질 벗긴다
우유 300ml
중력분, 두를 것
버터 150g
소금
반달 모양으로 썬 레몬 1개, 곁들일 것

손질한 넙치를 접시에 담고 우유를 끼얹어 15분 재웠다가 키친타월에 올려
물기를 걷어 낸 뒤 밀가루를 가볍게 두른다.

팬에 버터 4큰술을 넣고 불에 올려 녹인 뒤 넙치를 더해 중불에서 5분
조리한다. 황금빛 갈색이 되고 부드러워질 때까지 구운 뒤 소금으로
간을 하고 접시에 옮겨 담는다.

냄비에 물을 담고 불에 올려 물이 끓을락말락하는 상태로 유지한다.
내열 그릇에 남은 버터를 담고 냄비에 올려 중탕한다. 버터가 녹아 거품이
나올 때까지 중탕한 후 버터를 넙치에 끼얹는다. 썬 레몬과 바로 낸다.

올리브와 케이퍼를 곁들인
대구 스튜

MERLUZZO CON OLIVE E CAPPERI

이 지중해스러운 레시피는 토마토, 케이퍼, 올리브로 풍성한 맛을 낸다. 세 가지 재료가 묵직한 대구의 맛을 완벽하게 돋워 준다. 애호박은 기름을 많이 빨아 먹지 않도록 밀가루를 가볍게 두르고, 튀긴 뒤에도 키친타월로 기름기를 말끔히 걷어 낸다. 대구 대신 해덕이나 도다리를 써도 좋다.

4인분
준비: 30분
조리: 45분

애호박 4개, 얇게 썬다
중력분, 두를 것
올리브기름 6큰술
양파 1개, 잘게 썬다
셀러리 줄기 1대, 잘게 썬다
토마토 파사타 200ml
케이퍼 1큰술, 건져 물로 헹군 뒤 다진다
씨를 발라 다진 녹색 올리브 100g
대구 살 600g, 굵게 썬다
소금과 후추

썬 애호박에 밀가루를 가볍게 두르고 살짝 털어 낸다.

팬을 불에 올려 올리브기름 3큰술을 두른 뒤 달군다. 애호박을 몇 번에 나눠 양면이 노릇해질 때까지 굽는다. 구멍 뚫린 국자로 애호박을 건진 뒤 키친타월에 올려 기름기를 걷어 내고 소금을 솔솔 뿌려 따뜻하게 둔다.

큰 팬을 불에 올려 남은 올리브기름을 넣어 달구고 양파와 셀러리를 더해 약불에서 뒤적이며 5분 볶는다. 토마토 파사타, 케이퍼, 올리브를 더해 10분가량 보글보글 끓인다.

센불로 올려 대구 살을 넣고 몇 분 더 익힌다. 소금과 후추로 간하고 구운 애호박을 더한 뒤 불을 낮춰 30분 더 보글보글 끓인다.

소금 껍데기
도미 구이

DENTICE AL SALE

생선을 소금에 절여 구우면 살은 수분을 잃지 않으며 딱 적당한 만큼만 염분을 빨아들여 간도 잘 맞는다. 이래저래 기발한 조리법이다. 농어 등 두툼한 흰살 생선이면 얼마든지 소금을 입혀 구울 수 있다. 다만 생선 무게만큼의 소금을 써 전체에 고르게 입혀 준다. 소금 덕분에 생선은 너무 덜 익지도 더 익지도 않고 촉촉하게 익으며, 절대 짜지지도 않는다.

•

6인분
준비: 15분
조리: 45분

•

도미 1.5kg 1마리, 비늘 벗겨 손질한다
바닷소금 1.5kg
올리브기름, 뿌릴 것
레몬즙 1개분, 거른다
소금과 후추

오븐을 200℃로 예열한다. 팬을 은박지로 두른다.

생선의 배 속을 소금과 후추로 간한다. 팬의 바닥에 바닷소금 400g을 솔솔 뿌리고 생선을 올린다.

남은 바닷소금으로 생선을 완전히 덮어 오븐에 넣고 45분가량 굽는다.
(생선 500g마다 굽는 시간을 15분씩 더한다.)

팬을 오븐에서 꺼내 겉의 소금을 깨트리고 생선을 꺼낸다. 껍질을 벗겨 버리고 생선을 따뜻한 접시에 담아 올리브기름과 레몬즙을 뿌려 낸다.

정어리 튀김

SARDINE IMPANATE

🧂 🫕 🕐

생선에게도 과채류처럼 맛과 질감이 한결 나은 제철이 있다. 정어리는
봄과 초여름이 제철인데, 반드시 비늘을 벗기고 손질해서 조리한다.
일단 정어리의 배를 갈라 껍질이 위로 올라오도록 놓고 등뼈를 따라
엄지손가락으로 누른다. 그리고 정어리를 뒤집어 꼬리부터 등뼈를 저며
내고 잘 씻는다. 생선을 튀기기 전에는 물기를 키친타월로 말끔히 걷어 낸
뒤 밀가루를 둘러 한 번 털어 주고 달걀물을 묻혀 빵가루를 입힌다.
어떤 기름을 쓰든 생선을 튀긴 후 재활용하지 않는다.

●

4인분
준비: 10분
조리: 15~20분

●

중력분 50g
달걀 1개
빵가루 80g
식용유, 튀김용
정어리 800g, 비늘 벗겨 등뼈를 발라낸다
소금
반달 모양으로 썬 레몬, 곁들일 것

얇은 접시에 밀가루를 펴 담는다. 다른 접시에 달걀을 깨 넣은 뒤
소금 1자밤을 더해 풀어 준다. 마지막 접시에 빵가루를 펴 담는다.

팬에 기름을 넉넉하게 담아 불에 올려 180~190℃, 또는 깍둑썬 빵이
30초 안에 노릇해질 때까지 달군다. 정어리를 밀가루, 달걀, 빵가루의
순으로 묻혀 튀김옷을 입힌다. 달군 기름에 몇 마리씩 한꺼번에 담가
한 번 뒤집으며 7분가량 튀긴다.

정어리를 기름에서 건져 내 키친타월에 올려 기름기를 걷어 낸다.
썬 레몬을 곁들여 바로 낸다.

모둠 생선 튀김

FRITTO MISTO DI PESCI AZZURRI

단순한 요리이지만 세심하게 준비해야 맛있게 튀길 수 있다. 아주 싱싱한 생선을 손질해 씻은 뒤 키친타월로 물기를 말끔히 걷어 내고 밀가루를 입힌다. 밀가루만 쓰므로 생선 전체에 골고루 입혀 적절한 온도의 기름에서 노릇하고 바삭해질 때까지 튀긴다. 깍둑썬 빵을 넣었을 때 30초 내에 노릇해지면 생선을 튀겨도 좋다.

●

4인분
준비: 20분
조리: 25~30분

●

중력분, 입힐 것
멸치, 정어리, 빙어 등 기름기 많은 잔 생선 1kg, 손질하고 물기를 걷어 낸다
식용유, 튀김용
생세이지 잎 4장, 곁들일 것 별도
소금과 후추
반달 모양으로 썬 레몬 1개, 곁들일 것

얇은 접시에 밀가루를 펴 담는다. 생선을 접시에 담아 밀가루 옷을 입히고 살짝 털어 낸다.

프라이팬에 기름을 넉넉하게 담고 세이지 잎을 더한 뒤 불에 올려 180~190℃, 또는 깍둑썬 빵이 30초 안에 노릇해질 때까지 달군다. 세이지 잎을 건져 내고 큰 생선부터 기름에 담가 노릇하게 튀겨 낸다.

노릇하게 튀겨진 생선을 구멍 뚫린 국자로 건져 키친타월에 올려 기름기를 걷어 낸다. 따뜻한 접시에 담아 레몬과 세이지 잎을 곁들이고 소금과 후추로 간한다.

올리브기름과 레몬즙으로
맛 낸 거미게

GRANCEOLA
ALL'OLIO E LIMONE

⚶ 🝙

대게류는 아드리아해 전역에서 서식하는데, 거미게는 지속 가능한 수산물 자원이면서 맛도 좋다. 원래 항구나 생선 시장에서 살아 있는 게를 사서 만들지만 요즘은 손질한 자숙 게살을 사는 게 더 일상적이다. 거미게의 살은 무척 섬세한데, 특히 몸통과 다리 살이 맛있으므로 올리브기름과 레몬즙으로만 맛을 낸다.

●

4인분
준비: 30분
조리: 10분

●

자숙 거미게 4마리
양상추 잎 4~8장
올리브기름 4큰술
레몬즙 1개분, 거른다
다진 생이탈리안 파슬리(선택 사항)
마늘 1쪽, 다진다(선택 사항)
소금과 후추

게살을 발라 내기 위해 다리와 집게발을 꺾어 떼어 내고 몸통을 칼이나 가위로 둥글게 잘라 낸다. 집게발은 연골이 깨져 살점에 파고들지 않도록 조심스레 깬다. 게딱지에서 아가미, 위장, 알을 들어내고 깨끗이 씻어 물기를 걷어 낸 뒤 안쪽에 양상추 잎 1~2장을 두른다. 발라 낸 게살을 딱지에 채운다.

올리브기름과 레몬즙을 그릇에 넣고 섞는다. 파슬리와 마늘을 사용한다면 소금과 후추로 간을 한다. 만든 드레싱을 게살에 끼얹고, 알이 있다면 올리브기름에 버무려 고명으로 올린다.

홍합 그라탕

COZZE
GRATINATE

홍합 그라탕은 아말피 해안을 비롯한 이탈리아 남부의 음식으로, 비싸지
않은 식재료 몇 가지 위주로 만드는 요리이다. 빵가루는 홍합의 맛을 해치지
않으면서도 풍부한 질감을 불어 넣는다. 홍합은 흐르는 물에 씻고 껍데기를
박박 문질러 닦은 뒤 수염을 잡아 당겨 끊는 등 꼼꼼하게 손질한다.
껍데기에 붙어 있는 흰 따개비(이탈리아에서는 '덴티 디 카네', 개의 이빨이라
일컫는다.)는 칼로 떼어 낸다. 대체로 양식이 아닌, 조수가 있는 바위에서
자란 홍합에 따개비가 붙어 있다.

●

4인분
준비: 30분
조리: 5~8분

●

홍합 1kg, 문질러 닦고 수염을 뗀다
다진 생이탈리안 파슬리 3큰술
마늘 2쪽, 다진다
말린 오레가노 잎 큼직하게 1자밤
올리브기름, 뿌릴 것
빵가루 80g
소금과 후추
반달 모양으로 썬 레몬 1개, 곁들일 것

오븐을 200℃로 예열한다.

프라이팬에 홍합을 담아 센불에 올려 입을 벌릴 때까지 5분가량 가열한다.
입을 벌리면 팬에서 건져 살이 붙어 있지 않은 껍데기를 덜어 내고
제과제빵팬에 담는다. 입을 벌리지 않은 홍합은 버린다.

홍합에 파슬리, 마늘, 오레가노를 솔솔 뿌리고 소금으로 간한 뒤
올리브기름과 빵가루를 넉넉히 뿌린다. 5~8분 구운 뒤 따뜻한 접시에
옮겨 담아 소금과 후추로 간하고 레몬을 곁들여 낸다.

갑오징어와
완두콩

SEPPIE
AI PISELLI

♨ 🥛 🥘

둘 다 초여름이 제철이라 그런지 완두콩과 갑오징어는 서로 잘 어울리는
짝이므로 레시피를 소개한다. 둘 다 생물을 쓰는 게 좋으나 완두콩은
통조림을 써도 무방하다. 토마토 소스(36쪽 참조)를 더하면 '빨간' 버전이
되는데, 희든(토마토 없이) 빨갛든 파스타를 버무려 먹어도 좋다.
갑오징어는 오래 익히면 질겨지므로 주의한다. 갑오징어가 없다면
일반 오징어를 써도 좋다.

●

4인분
준비: 25분
조리: 2시간 15분

●

올리브기름 4큰술
마늘 1쪽, 껍질 벗긴다
갑오징어 800g, 손질해 가로로 썬다
달지 않은 화이트 와인 175ml
깐(혹은 통조림) 완두콩, 물에 헹군다
소금과 후추

팬에 올리브기름을 두르고 불에 올려 달군 뒤 마늘을 더해
노릇해질 때까지 익힌 뒤 건져 버린다.

갑오징어를 팬에 더해 소금과 후추로 간하고 잘 뒤적이며 몇 분 더 볶는다.

와인을 더해 알코올이 날아갈 때까지 끓인다. 거의 잠길 만큼
물을 붓고 뚜껑을 덮어 끓인다.

끓기 시작하면 불을 줄여 갑오징어가 부드러워질 때까지 1시간 30분가량
보글보글 끓인다. 완두콩을 더해 부드러워질 때까지 30분 더 익힌다.

구운 사과를 곁들인 멧돼지고기 구이

CINGHIALE ALLE MELE

이탈리아 여러 지역에서 멧돼지고기를 먹을 수 있다. 멧돼지는 최근 개체 수가 늘어 숲에서 서식한다. 멧돼지고기는 맛이 강하고 누린내도 좀 나지만 느리게 요리하면 맛있어지고, 단맛과 신맛으로 균형을 잡아 주는 사과와 아주 잘 어울린다. 멧돼지고기를 살 수 없다면 사슴고기나 돼지고기를 써도 좋지만 맛이 사뭇 다르다는 점을 참고한다.

●

4인분
준비: 20분
조리: 1시간 15분

●

버터 50g
기름기 적은 멧돼지고기 1kg, 깍둑썬다
양파 1개, 곱게 다진다
당근 1개, 곱게 다진다
중력분 1큰술
레드와인 375ml
마늘 1쪽, 껍질 벗긴다
월계수 잎 1장
브랜디 60ml
사과 3개, 껍질 벗기고 씨를 발라 썬다
소금과 후추

오븐을 200℃로 예열한다.

내화 더치 오븐(캐서롤)에 버터 절반을 넣고 불에 올려 녹인 뒤 고기를 더해 계속 뒤적이며 고루 지진다.

고기에 양파와 당근을 더하고 밀가루를 솔솔 뿌린 뒤 계속 뒤적이며 2~3분 볶다가 와인을 서서히 부어 준다.

마늘과 월계수 잎을 더하고 소금과 후추로 간한 뒤 끓인다.

캐서롤을 오븐에 넣어 1시간 구운 뒤 브랜디를 더해 섞는다.

그 사이 팬에 남은 버터를 넣고 불에 올려 녹인 뒤 사과를 더해 가끔 뒤적이며 노릇해질 때까지 10분 굽는다.

캐서롤을 오븐에서 꺼내 마늘과 월계수 잎을 꺼내 버린다. 고기와 국물, 구운 사과를 함께 담아낸다.

베네치아식
간 요리

FEGATO ALLA VENEZIANA

단 두 가지의 재료로 섬세하고 맛있게 만드는 베네치아의 요리이다.
송아지나 양의 간도 좋지만 베네치아의 전통을 따르자면 돼지 간을 쓴다.
단맛이 강한 흰 양파를 쓰면 강렬한 맛에 균형을 잡아 줄 수 있다.
간이 부드럽고 촉촉하도록 요리를 마친 뒤 소금으로 간한다.

꙳ 🔅 ⬙ ◑

●

4인분
준비: 10분
조리: 20분

●

올리브기름 4~5큰술
양파 250g, 얇게 썬다
화이트 와인 175ml
다진 생이탈리안 파슬리 1큰술
간 500g, 손질해 썬다
소금과 후추

큰 프라이팬을 불에 올리고 올리브기름을 둘러 달군 뒤 양파를 더해
약불에서 살짝 노릇해질 때까지 뒤적이며 10분가량 볶는다.

와인을 붓고 센불에서 알코올이 날아갈 때까지 끓인다.
파슬리와 간을 넣고 가끔 뒤적이며 4~5분 익힌다.

입맛에 따라 소금과 후추로 간하고 따뜻한 접시에 옮겨 담는다.

감자 미트볼

POLPETTE
ALLE PATATE

미트볼은 원래 간 고기, 빵, 파르미지아노 치즈, 달걀로 만드는데 햄,
모르타델라, 소시지 같은 가공육에 허브나 채소 같은 조합도 가능하다.
원래 남은 재료로 만들어 먹는 게 목표라서 어떤 조합이라도 좋다.
이 레시피의 감자는 우유에 불린 빵으로 대체할 수 있다. 폴페테는 대개
둥글지만 넓적하게 빚어도 좋고, 토마토 소스(36쪽 참조)에 더해 익혀도
좋다. 기름이 부담스럽다면 제과제빵팬에 담아 190℃로 예열한 오븐에
넣어 노릇해질 때까지 굽는다.

●

4인분
준비: 50분
조리: 20분

●

감자 2개, 삶는다
기름기 적은 쇠고기 300g, 곱게 다진다
모르타델라 2쪽, 곱게 다진다
달걀 1개, 푼다
갓 갈아 낸 파르미지아노 치즈 1큰술
생이탈리안 파슬리 1줄기, 다진다
빵가루 50g
올리브기름 2큰술
소금과 후추

감자를 삶아 건져 뜨거울 때 그릇에 담아 으깬 뒤 쇠고기, 모르타델라,
달걀을 더해 섞는다. 파르미지아노 치즈와 파슬리를 더하고
소금과 후추로 간한다.

섞은 재료를 8등분해 둥글게 빚는다. 빵가루를 접시에 펴 담는다.
미트볼을 빵가루 위에 굴려 골고루 입힌다.

큰 프라이팬에 올리브기름을 담아 불에 올려 달군 뒤 미트볼을 넣고
계속 뒤적이며 겉은 노릇해지고 속은 다 익을 때까지 지진다. 구멍 뚫린
국자나 생선 뒤집개로 건진 뒤 키친타월에 올려 기름기를 걷어 낸다.

바롤로 쇠고기 조림

BRASATO AL BAROLO

✤

바롤로 쇠고기 조림은 재료의 수준과 조리 시간을 봤을 때 고급 요리라 할 수 있다. 바롤로 와인의 고장인 피에몬테에서 이 요리는 천천히 만들어 가족이나 친구들과 즐기기에 딱 좋은 일요일 점심 식사 메뉴이다. 바롤로 쇠고기 조림을 잘 만들려면 고기와 와인 모두 최고 수준을 골라야 한다. 천천히 요리하는 레시피이므로 열이 고르게 퍼지는 무쇠 더치 오븐이나 캐서롤을 쓴다. 바롤로 쇠고기 조림에는 으깨거나 삶은 감자를 곁들이고 국물에 쓴 것과 같은 와인을 함께 마신다.

●

6인분
준비: 15분, 재우기 10시간 별도
조리: 3시간

●

쇠고기 홍두깨살 또는 기름기가 상당히 적은 부위 1kg
올리브기름 3큰술
버터 40g
다진 프로슈토 비계 25g
달지 않은 코코아 가루 1자밤
럼 1작은술(선택 사항)
소금

재움 양념:
바롤로 레드 와인 1병(750ml)
당근 2개, 썬다
양파 2개, 썬다
셀러리 줄기 1대, 썬다
생세이지 잎 4장
로즈메리 줄기 작은 것 1대
월계수 잎 1장
통후추 10알
소금

고기를 요리용 실로 단정히 묶어 접시에 담고 와인을 끼얹는다. 당근, 양파, 셀러리, 세이지, 로즈메리, 월계수 잎, 통후추와 소금 1자밤을 더해 냉장고에 넣은 뒤 최소 10시간 재운다. 고기를 건져 키친타월로 물기를 걷어 내고 소스는 둔다.

냄비를 불에 올려 달군 뒤 올리브기름, 버터, 프로슈토 비계를 더한다. 고기를 더하고 센불에서 자주 뒤적이며 고루 노릇해질 때까지 지진다. 소금으로 간하고 남겨 둔 소스를 넣은 뒤 뚜껑을 덮어 고기가 부드럽다 못해 살점이 부스러질 때까지 약불에서 3시간가량 보글보글 끓인다.

고기를 건져 실을 잘라 버리고 저민 뒤 따뜻한 접시에 조금씩 겹치도록 담는다. 소스의 허브를 건져 버리고 푸드 밀에 코코아 가루, 럼과 함께 넣고 섞는다. 소스를 고기에 끼얹어 낸다.

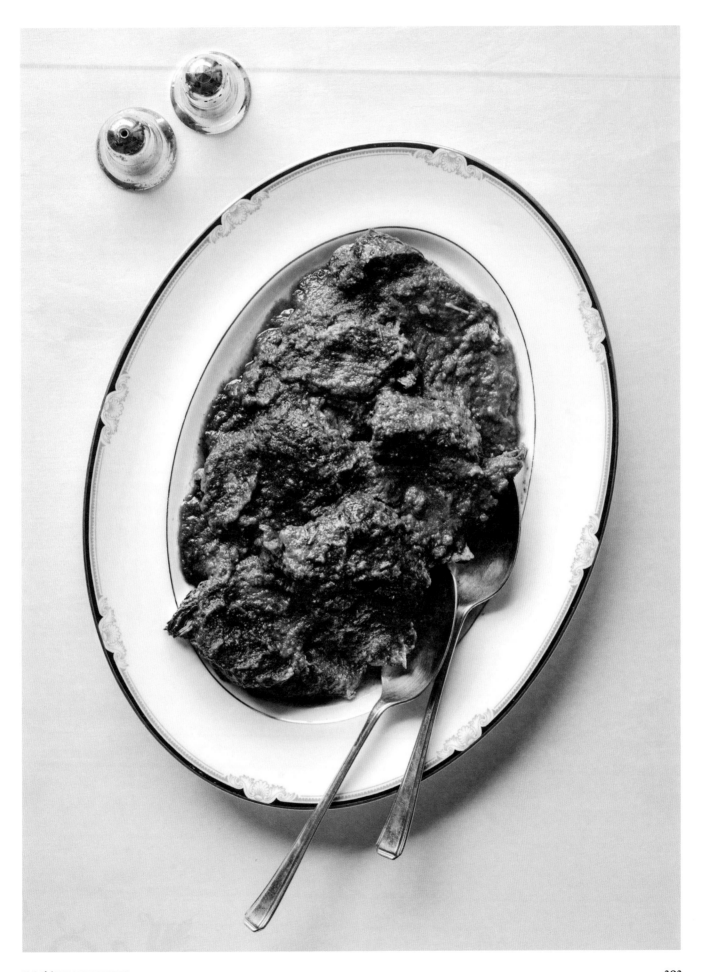

비프 스튜

SPEZZATINO DI MANZO

🌿 🍲

스튜(스페차티노)는 잘게 깍둑썬 고기를 소스에 넣고 천천히 끓여 만드는 전통 요리를 일컫는다. 송아지, 소, 양, 돼지 등의 고기와 잘 어울리는 향신채를 넣어 소스의 맛을 결정한다. 토마토를 넣고 나서 중력분 1큰술을 섞으면 소스가 더 걸쭉해진다. 스튜는 으깬 감자와 함께 내도 좋고, 아니면 고기가 절반쯤 익었을 때 깍둑썬 감자를 더해 함께 익혀도 좋다. 30분이면 감자가 다 익을 것이다.

●

4인분
준비: 20분
조리: 1시간

●

올리브기름 2큰술
버터 25g
양파 ½개, 곱게 썬다
셀러리 줄기 1대, 곱게 썬다
당근 1개, 곱게 썬다
쇠고기 스튜거리(목심 등) 600g, 깍둑썬다
달지 않은 화이트 와인 5큰술
토마토 2개, 껍질 벗겨 깍둑썬다
또는 통조림 토마토 2~3개
소금과 후추

큰 팬을 불에 올려 올리브기름과 버터를 넣어 달구고 양파, 셀러리, 당근을 더해 뒤적이며 약불에서 10분 볶는다. 고기를 더하고 계속 뒤적이며 고루 노릇해질 때까지 지진다. 와인을 붓고 알코올이 날아갈 때까지 끓인 뒤 입맛에 따라 소금과 후추로 간한다.

토마토를 푸드 프로세서에 넣어 퓌레로 갈아 팬에 더하고 따뜻한 물 150ml를 붓는다. 뚜껑을 덮고 고기가 부드러워질 때까지 약불에서 가끔 저어주면서 1시간가량 보글보글 끓인다.

허브 껍데기를 입힌
양 다리 통구이

COSCIOTTO IN CROSTA D'ERBE

껍데기에는 계절이나 취향에 맞춰 어떤 허브든 쓸 수 있다. 다만 싱싱한 허브를 사용하자. 허브 껍데기는 양고기 다리 살의 촉촉함을 지켜 주는 한편 고유의 맛도 불어 넣어 준다. 반을 갈라 씨를 발라낸 토마토에 빵가루와 다진 오레가노 잎을 채우고 올리브기름을 끼얹은 뒤 소금과 후추로 간해 15분간 구워 곁들인다.

●

6인분
준비: 15분, 휴지 20분 별도
조리: 1시간 30분

●

다진 생타임 잎 1큰술
다진 생오레가노 잎 1큰술
다진 생파슬리 잎 1큰술
다진 로즈메리 잎 1큰술
올리브기름 4큰술
빵가루 2큰술
양 다리 2kg
소금과 후추

오븐을 240℃로 예열한다.

타임, 오레가노, 파슬리, 로즈메리를 대접에 담고 올리브기름과 빵가루를 더한 뒤 소금과 후추로 간해 잘 섞는다.

양 다리를 큰 통구이팬에 올리고 빵가루와 섞은 허브를 골고루 발라 준 뒤 오븐에 넣어 15분 굽는다. 오븐 온도를 180℃로 낮추고 따뜻한 물 150ml를 팬에 부은 뒤 1시간 15분 더 굽는다.

양 다리를 팬에서 꺼내 은박지로 덮어 10분 두었다가 썰어 따뜻한 접시에 담아낸다.

양고기 촙
스코타디토

COSTOLETTE
A SCOTTADITO

♣ 🍶 🍮 🧳 ◑

스코타디토는 이탈리아어로 '불타는 손가락'이라는 뜻으로
브로일러(그릴)나 팬에서 다 굽자마자 아주 뜨거운 채로 먹어서 붙은
이름이다. 레몬즙, 올리브기름, 소금과 후추의 간결한 조합만으로도
맛있다. 양고기의 맛이 너무 진하다면 물에 식초나 레몬즙 반 컵을 더해
만든 양념에 2~12시간 재웠다가 굽는다. 양고기라면 어떤 부위에도
쓸 수 있는 양념이다.

●

4~6인분
준비: 10분, 휴지 15분 별도
조리: 2~4분

●

양고기 촙(커틀릿) 8~12대
올리브기름 5큰술
레몬즙 1개분, 거른다
소금과 후추

양고기 촙(커틀릿)에 올리브기름을 바르고 소금과 후추로 양념한다.
뚜껑을 덮어 서늘한 곳에 15분 둔다.

그 사이 브로일러(그릴)를 '강'으로 예열한다. 양고기 촙을 조심스레 건져
양념을 털고 브로일러에 넣어 각 면을 1분씩 굽는다. 브로일러 대신
프라이팬에 양고기 촙을 올려 기름을 약간 두르고 센불에서 각 면을 1분씩
구워도 좋다. 뒤집을 때마다 소금과 후추로 간한다.

레몬즙을 뿌린 뒤 촙을 불에서 내려 따뜻한 접시에 담아낸다.

로마식
어린 양 구이

ABBACCHIO
ALLA ROMANA

로마 지역에서는 4~6주령의 어린 양을 아바치오라 일컫는다. 어린 양 구이는 젖만 먹여 키운 고기를 구할 수 있는 이스터 기간에 먹는 전통 요리이다. 하지만 한 살 이하의 양고기로 사시사철 만들 수 있다. 그대로 먹어도 좋지만 안초비 소스를 더해 맛을 돋울 수도 있다. 양고기가 거의 다 익었을 때 팬에 고인 국물 2~3큰술을 다른 팬에 옮기고 안초비를 더한다. 나무 숟가락으로 안초비를 완전히 뭉개 약불에서 소스를 만들고 양고기에 끼얹은 뒤 몇 분 더 구워 낸다.

●

4인분
준비: 30분
조리: 50분

●

양 다리 1kg
중력분, 두를 것
올리브기름 3큰술
로즈메리 줄기 3대
생세이지 잎 4장, 다진다
마늘 1쪽, 으깬다
화이트 와인 175ml
화이트 와인 식초 75ml
감자 4개, 썬다
소금과 후추

양 다리는 구입할 때 토막을 쳐 가져 온다.

오븐을 180℃로 예열한다.

양 다리에 밀가루를 두른다. 넓은 통구이팬에 올리브기름을 두르고 센불에서 달군 뒤 양 다리를 올려 고루 노릇해질 때까지 자주 뒤적이며 10분 지진다. 소금과 후추로 간하고 로즈메리를 더한 뒤 세이지 잎과 마늘을 솔솔 뿌린다. 양 다리가 맛을 빨아들이도록 여러 번 뒤집어 준다.

와인과 식초를 합쳐 통구이팬에 넣고 수분이 거의 날아갈 때까지 굽는다. 끓는 물 150ml를 팬에 붓고 감자를 더한 뒤 뚜껑을 덮어 부드러워질 때까지 30분 더 굽는다. 말라붙는 것 같으면 식초를 탄 뜨거운 물을 약간 더한다.

양 다리를 따뜻한 접시에 옮겨 담아 뜨거울 때 낸다.

유대인식
어린 양 구이

ABBACCHIO
ALL GIUDIA

🫙 🫕

16세기 로마에 정착한 스페인과 북아프리카계 유대인의 요리가
로마 음식에 엄청난 영향을 미쳤다. 그중 하나가 이 레시피이다.
크림처럼 걸쭉한 소스의 비밀은 진짜 크림이 아닌 달걀노른자이다.
허브 및 레몬과 더불어 달걀노른자는 고기에 색다르면서도 섬세한 맛을
불어 넣는다. 원래 어린 양이 흔하고 맛이 최고조에 오른 부활절에
먹는 요리였다. 삶거나 통으로 구운 감자를 곁들인다.

●

6인분
준비: 30분
조리: 50분, 휴지 5분 별도

●

라드 40g
양파 ½개, 곱게 다진다
프로슈토 50g, 곱게 다진다
어린 양고기 1kg, 중간 크기로 토막 낸 뒤 물에 헹군다
중력분 ½큰술
화이트 와인 120ml
달걀노른자 3개분
생이탈리안 파슬리 1대, 다진다
말린 마저럼 1자밤
레몬즙 1개분, 거른다
소금과 후추

큰 팬을 약불에 올리고 라드를 넣어 녹인 뒤 양파와 프로슈토를 더해
노릇해질 때까지 살포시 볶는다. 양고기를 더하고 소금과 후추로 간해
센불에서 고루 지진다.

팬에 밀가루를 솔솔 뿌려 양고기와 섞는다. 2분 뒤 와인을 붓고 끓여
알코올을 날려 버린다. 뜨거운 물 한 국자를 팬에 붓고 뚜껑을 덮은 뒤
약불에서 40~45분 끓인다. 종종 저어 주다가 팬이 마른다 싶으면
뜨거운 물을 부어 준다.

고기를 익히는 사이 달걀노른자와 파슬리, 마조람, 레몬즙을
그릇에 담아 섞는다. 요리가 끝나기 1분 전에 노른자를 팬에 붓고
재빨리 저어 고루 섞는다.

팬을 불에서 내려 뚜껑을 덮고 소스가 크림처럼 부드럽고 걸쭉해질 때까지
5분가량 둔다. 따뜻한 접시에 담아낸다.

감자를 곁들인
돼지 등심 통구이

CARRÈ DI MAIALE
AL FORNO CON PATATE

🌿 🗋 🧳

이 레시피의 비밀은 '라딩'이다. 라딩은 길고 얇게 저민 지방(우리는 판체타를 쓴다.)을 고기 사이에 끼워 넣어 촉촉함을 지켜 주고 맛을 돋워 주는 조리법이다. 판체타 외에도 파슬리나 타임 같은 허브를 더해도 좋다. 감자 대신 살구를 곁들이고 화이트 와인을 코냑이나 브랜디로 바꿔 만들어도 좋다. 살구를 쓴다면 껍질을 벗기지 않은 채로 반 갈라 요리가 끝나기 15분 전에 더한다. 그리고 잘게 썬 말린 자두를 따뜻한 물에 불려 비계 또는 판체타와 함께 라딩애 쓴다.

●

6인분
준비: 30분
조리: 1시간 15분

●

뼈 붙은 돼지 등심 1.2kg, 손질한다
판체타 40g, 1쪽짜리로 준비해 성냥개비처럼 가늘게 썬다
올리브기름 4~5큰술
화이트 와인 150ml
감자 800g, 껍질 벗겨 잘게 썬다
로즈메리 1줄기
소금과 후추

오븐을 200℃로 예열한다.

고기에 소금 1자밤과 후추 약간을 문질러 바른다. 날카로운 칼로 고기를 여러 군데 뚫고 판체타를 집어넣는다.

고기를 올리브기름과 함께 통구이팬에 담아 오븐에 넣고 20분가량 겉을 구운 뒤 꺼낸다. 화이트 와인을 고기 주변에 붓고 다시 오븐에 넣어 30분 더 굽는다.

다른 팬에 물을 담은 뒤 불에 올려 끓으면 감자를 더해 10분 동안만 끓여 설익힌다. 감자를 건져 로즈메리와 함께 고기 주위에 담고 소금 1자밤으로 간한다.

오븐의 온도를 180℃로 낮추고 고기와 감자를 넣어 30~35분 더 굽는다.

밀라노식 오소 부코

OSSIBUCHI ALLA MILANESE

롬바르디 지역, 특히 밀라노의 대표 요리인 오소 부코는 유명한 밀라노식 리소토(148쪽 참조)를 곁들여 먹는다. 물론 으깬 감자나 재철 채소 볶음과 함께 먹어도 좋다. 오소 부코라는 이름은 이탈리아어로 '구멍 난 뼈', 즉 주재료인 송아지의 정강이 살과 뼈의 골수에서 나왔다. 오소 부코는 그레몰라타가 불어 넣는 레몬 맛 덕분에 한결 빛난다. 그레몰라타에는 왁스를 입히지 않은 유기농 레몬의 겉껍질만 강판으로 갈아서 쓴다. 흰 속껍질까지 갈아 내면 쓴맛이 나므로 주의한다. 그레몰라타가 너무 묽어지지 않도록 씻은 파슬리의 물기를 확실히 걷어 낸다. 그레몰라타는 통구이 고기라면 다 잘 어울리는데 곱게 다진 마늘을 더하면 맛이 더 강렬해진다.

●

4인분
준비: 5분
조리: 1시간

●

버터 80g
양파 ½개, 곱게 썬다
오소 부코(두께 5cm의 둥근 송아지 정강이 뼈●) 4점
중력분, 두를 것
달지 않은 화이트 와인 5큰술
고기 육수(30쪽 참조) 175ml
셀러리 줄기 1대, 곱게 썬다
당근 1개, 곱게 썬다
토마토 페이스트(퓌레) 2큰술
소금과 후추

그레몰라타:
왁스를 입히지 않은 레몬 겉껍질 ½개분, 간다(소개글 참조)
생이탈리안 파슬리 1줄기, 다진다

큰 팬에 버터를 넣은 뒤 불에 올려 버터를 녹이고 양파를 더해 약불에서 가끔 뒤적이며 5분 볶는다.

오소 부코에 밀가루를 입히고 팬에 넣은 뒤 센불에서 자주 뒤집으며 고루 노릇해질 때까지 지진다. 소금과 후추로 간하고 몇 분 더 지진 뒤 와인을 부어 알코올이 날아갈 때까지 끓인다.

육수, 셀러리, 당근을 더하고 불을 줄인 뒤 뚜껑을 덮고 30분 더 보글보글 끓인다. 육수가 너무 졸아붙었다 싶으면 보충한다.

그릇에 토마토 페이스트와 뜨거운 물 1큰술을 섞은 뒤 팬에 넣는다.

레몬 겉껍질과 파슬리를 그릇에 담아 섞어 그레몰라타를 만든다. 고기에 더하고 조심스레 뒤적여 섞은 뒤 5분 더 익힌다.

● 정강이가 없다면 찜갈비 등으로 대체할 수 있다.

송아지
스캘로피니

PICCATA
AL LIMONE

스캘로피니는 얇은 송아지고기(또는 닭, 칠면조, 돼지고기)를 버터에 익힌 뒤 레몬즙으로 마무리해 만든다. 그러나 레몬즙 대신 오렌지즙이나 화이트 와인, 또는 마르살라 와인을 써도 좋다. 고기가 금방 익도록 요리용 망치로 두들겨 얇게 편 뒤 밀가루를 둘러 익힌다. 고기를 아주 얇게 펴고 싶다면 랩이나 유산지 2장 사이에 끼워서 두들긴다.

●

4인분
준비: 15분
조리: 20분

●

송아지고기 에스칼로페● 500g
중력분, 두를 것
버터 80g
레몬즙 1개분, 거른다
생이탈리안 파슬리 1줄기, 다진다
소금
반달 모양으로 썬 레몬 1개, 곁들일 것

송아지고기를 요리용 망치로 두들겨 얇게 편 뒤 밀가루를 살짝 두른다.

큰 프라이팬을 불에 올려 버터 65g을 넣고 녹인 뒤 송아지고기를 더해 센불에서 몇 차례 뒤집어가며 지진다. 소금으로 간한다.

레몬즙에 물 4큰술을 섞어 팬에 부은 뒤 살짝 졸아들 때까지 끓인다.

파슬리를 솔솔 뿌리고 남은 버터를 올린 뒤 녹기 시작하면 불에서 내린다.

송아지고기와 소스를 접시에 담고 썬 레몬을 곁들여 낸다.

● 우둔이나 설도.

로마식
살팀보카

SALTIMBOCCA
ALLA ROMANA

❦ ⌷

살팀보카는 '입으로 뛰어 든다'는 의미의 이탈리아어이다. 레시피의
재료로 바로 그런 맛의 요리를 만들 수 있다고 해서 붙은 이름이다.
로마식 살팀보카는 원래 얇고 납작하게 편 에스칼로페(우둔이나 설도)의
모양 그대로에 세이지와 프로슈토를 얹어 만들지만, 종종 착각하고
고기로 재료를 말아서 만드는 경우도 있다. 화이트 와인 대신 마르살라나
셰리를 쓰면 살팀보카의 맛이 한결 더 달고 강렬해진다. 원래 로마에서는
송아지고기를 쓰지만 돼지, 닭, 칠면조고기를 써도 좋다.

●

4인분
준비: 20분
조리: 20분

●

송아지고기 에스칼로페 500g
저민 프로슈토 100g, 반 가른다
생세이지 잎 8~10장
버터 50g
달지 않은 화이트 와인 100ml
소금

송아지고기에 프로슈토 반쪽, 세이지 잎 1장씩을 얹는다.
이쑤시개로 고정하고 삐져나온 부분은 잘라 낸다.

큰 프라이팬을 불에 올리고 버터를 넣은 뒤 버터가 녹으면
센불에서 송아지고기를 더해 양면이 고루 노릇해지도록 지진다.

소금으로 간하고 와인을 끼얹은 뒤 알코올이 날아갈 때까지 끓인다.
이쑤시개를 빼고 낸다.

밀라노식
코스톨레타

COSTOLETTE
ALLA MILANESE

밀라노식 코스톨레타와 비엔나의 슈니첼에 대한 논쟁은 아직도
현재진행형이다. 밀라노에서는 라데츠키 원수의 점령기에 비엔나 슈니첼이
생겨났다고 주장한다. 밀라노에서 맛을 보고 너무 좋은 나머지 레시피를
오스트리아에 가져갔고, 이후 널리 퍼졌다는 것이다. 원래 코스톨레타는
뼈를 발라낸 등심으로 만들지만 발라내지 않은 고기로 만들어도 맛은
좋다.(게다가 먹기도 쉽다.) 비엔나의 슈니첼과 달리 밀라노식 코스톨레타에는
뼈가 붙어 있다고 주장하는 이들도 있지만 언제나 그렇지는 않다.
비엔나 슈니첼은 옷이 부풀어 올라 고기와 사이가 벌어지지만 밀라노식
코스톨레타는 그렇지 않고 착 들러붙어 있다는 점이 진짜 차이이다.

●

4인분
준비: 15분
조리: 20분

●

송아지고기 촙 4쪽, **뼈를 발라낸다**
달걀 1개
고운 빵가루 80g
정제 버터(35쪽 참조) 50g
소금
반달 모양으로 썬 레몬 1개, 곁들일 것

요리용 망치로 송아지고기를 두들겨 고르게 편다.

달걀을 얕은 접시에 깨어 담고 소금 1자밤을 더해 푼다.
다른 접시에 빵가루를 펴 담는다.

큰 프라이팬을 불에 올려 정제 버터를 넣고 녹인다. 고기에 달걀을 묻힌 뒤
빵가루에 올려 손가락으로 잘 누른다. 정제 버터를 달군 팬에
고기를 올려 약불에서 노릇해질 때까지 각 면을 10분씩 지진다.

지진 고기를 구멍 뚫린 숟가락 또는 생선 뒤집개로 건진 뒤 키친타월에
올려 기름기를 걷어 낸다. 따뜻한 접시에 담아 썬 레몬을 곁들여 낸다.
코스톨레타는 버터로 익힌 채소나 샐러드와 잘 어울린다.

비텔로 토나토

VITELLO TONNATO FREDDO

☙ 🧴

비텔로 토나토는 18세기 프랑스에서 비롯됐지만 아무래도 지리적으로 가깝다 보니 다른 요리처럼 피에몬테 요리의 일부로 흡수되었다. 또한 원래 안티파스토로 내는 요리이기도 하다. 이탈리아는 어쩔 수 없이 비텔로 토나토의 조리법을 놓고 논쟁이 벌어졌다. 어떤 이들은 익힌 고기 옆에 소스를 곁들여 내야 한다고 주장하는 한편, 다른 이들은 이 레시피처럼 고기가 소스를 빨아들이도록 끼얹은 뒤 몇 시간 두는 걸 선호한다. 참치 통조림의 기름을 버려야 맛있고 가벼운 소스를 만들 수 있다.

●

6인분
준비: 20분, 식히는 시간 별도
조리: 2시간

●

송아지고기(홍두깨살) 800g
당근 1개
양파 1개
셀러리 줄기 1대
화이트 와인 식초 1큰술
올리브기름 1큰술
소금

소스:
참치 통조림 200g들이 1캔, 기름은 버린다
통조림 안초비 3쪽, 건진다
건져 헹군 케이퍼 2큰술, 얹을 것 별도
삶은 달걀노른자 2개분
올리브기름 3큰술
레몬즙 1개분, 거른다

송아지고기를 요리용 실로 말끔히 묶는다. 큰 팬에 소금물을 넣고 끓여 고기, 당근, 양파, 셀러리, 식초, 올리브기름을 더한다. 뚜껑을 덮어 고기가 부드러워질 때까지 2시간가량 보글보글 끓인다. 팬을 불에서 내리고 국물에 고기가 담긴 채로 식힌다.

소스를 만든다. 참치, 안초비, 케이퍼, 달걀노른자를 곱게 간다. 올리브기름, 고기 삶은 국물 2~3큰술, 레몬즙과 함께 섞는다.

고기를 묶은 실을 잘라 내고 얇게 저며 접시에 담는다. 소스를 숟가락으로 떠 고기에 끼얹은 뒤 맛이 어우러지도록 몇 시간 둔다. 케이퍼 몇 알을 올려 낸다.

닭고기
디아볼라

POLLO ALLA DIAVOLA

닭고기 디아볼라는 피렌체부터 로마까지 여러 지역에서 먹을 수 있는
전통 레시피이다. 고추로 강렬하게 낸 매운맛 덕분에 '디아볼라'라는
이름이 붙었다. 마지막 45분 동안 뚜껑을 덮고 무거운 것으로 눌러야
닭고기가 고르게 익는다. 원래 닭고기 디아 볼라는 브로일러(그릴)에 굽지만
레시피에 소개했듯 가스레인지에서 익혀도 좋다.

●

4인분
준비: 15분
조리: 1시간

●

닭 1마리
올리브기름 3큰술
고춧가루
소금

닭을 배에서 수직으로 갈라 펼친 뒤 요리용 망치로 평평하게 두드린다.

큰 팬에 올리브기름을 넣고 불에 올려 달군다. 닭을 더해 가끔 뒤집으며
고루 노릇해질 때까지 15분 지진다. 가슴살이 위를 보도록 놓고 소금으로
간한 뒤 고춧가루를 솔솔 뿌린다. 뚜껑을 덮고 무거운 것으로 누른다.
속까지 부드럽게 익도록 약불로 낮춰 45분 더 굽는다.

레몬 치킨

POLLO AL LIMONE

백색육과 시트러스류는 예전부터 짝을 이루어 왔다. 닭고기에 레몬 향이 살아 있는 레시피를 소개한다. 레몬은 항상 왁스를 입히지 않은 유기농 제품을 쓰자. 닭의 조리 시간은 연령이나 사육법, 방목 정도에 따라 달라진다. 닭은 잘 익혀 먹지 않으면 위험하니 이쑤시개로 찔러 확인하자. 넓적다리의 가장 두툼한 부분을 이쑤시개로 찔렀을 때 투명한 육즙이 나오면 다 익은 것이다. 마지막에 오븐의 온도를 올리면 닭 껍질이 바삭하고 노릇해진다. 조리할 때는 살코기가 마르지 않도록 주의한다.

❦ 🥘

●

4인분
준비: 30분
조리: 1시간 15분

●

레몬 1개, 반 가른다
닭 1마리
마늘 1쪽, 껍질 벗긴다
버터 25g
올리브기름 2큰술
레몬즙 1개분, 거른다
생이탈리안 파슬리 1줄기, 다진다
소금과 후추

오븐을 180℃로 예열한다.

레몬을 반 갈라 한쪽으로 닭의 배 속을 가볍게 문지르고, 나머지 한쪽은 썬다. 마늘과 썬 레몬, 그리고 버터의 절반을 닭의 배 속에 채운다.

닭을 통구이팬에 넣고 올리브기름, 남은 버터를 올린 뒤 소금과 후추로 간한다. 오븐에 넣고 35분 굽는다.

레몬즙을 닭에 골고루 흩뿌리고 다시 오븐에 넣어 속까지 부드럽게 익도록 40분 더 굽는다.

닭의 등을 갈라 가슴살을 4등분하고 날개와 다리를 뽑아 따뜻한 접시에 담는다. 파슬리를 솔솔 뿌려 낸다.

닭고기
카치아토라

POLLO ALLA
CACCIATORA

✿ ▢

●

4인분
준비: 25분
조리: 1시간

●

닭 1마리, 토막 낸다
버터 25g
올리브기름 3큰술
양파 1개, 썬다
토마토 6개, 껍질 벗겨 씨를 바르고 썬다
당근 1개, 썬다
셀러리 줄기 1대, 썬다
생이탈리안 파슬리 1줄기, 다진다
소금과 후추

내화 더치 오븐(캐서롤)에 닭과 버터, 올리브기름, 양파를 담아 불에 올린다. 자주 뒤집고 뒤적이며 노릇해질 때까지 15분 지진다.

토마토, 당근, 셀러리를 더하고 물 150ml를 부은 뒤 뚜껑을 덮고 닭고기가 부드럽게 속까지 다 익을 때까지 45분가량 보글보글 끓인다. 파슬리를 솔솔 뿌리고 소금과 후추로 간한다.

'알라 카치아토래(사냥꾼식으로)'는 닭이나 토끼 같은 백색 고기를 채소 및 토마토 소스와 함께 익히는 조리법을 의미한다. 쉽게 구할 수 있고 저렴한 재료를 쓰는 덕분에 이탈리아 전역에서 맛볼 수 있다. 재료의 철을 따라 레시피보다 당근이나 셀러리를 더 많이 써도 좋다. 화이트 와인이나 육수를 붓고 끓이는 레시피도 있고, 재철 버섯을 얇게 썰어 더하기도 한다. 닭을 토막 내려면 일단 다리를 잘라 내고 관절에 칼을 집어넣는다. 닭을 도마에 올려놓고 날개를 떼어 낸 다음 등뼈를 날카로운 칼로 자른 뒤 가슴살을 발라낸다. 마지막으로 잔해를 가로 및 세로로 한 번씩 썰어 준다. 이렇게 해체한 닭의 모든 부위를 카치아토라에 쓸 수 있다.

밤 채운
칠면조 통구이

TACCHINO RIPIENO
DI CASTAGNE

밤 채운 칠면구이는 이탈리아 북부의 크리스마스 전통 요리 가운데 하나이다. 칠면조 속에 채우는 재료는 지역, 동네, 입맛에 따라 전부 다르다. 올리브나 말린 자두(브랜디에 30분 절였다 채우면 맛이 한층 더 강렬해진다.)를 채우기도 한다. 구운 칠면조에 으깬 감자를 곁들여 먹을 수도 있다. 촉촉하고 부드럽게 굽는다면 3kg 이하의 작은 칠면조를 고른다.

●

6~8인분
준비: 1시간 30분
조리: 2시간

●

겉껍질을 벗긴 밤 250g, 45분 삶아 건진다
이탈리아 소시지 300g, 껍질 벗겨 부스러트린다
칠면조 3kg
판체타 100g, 썬다
올리브기름, 바를 것
소금과 후추
양상추 잎 큰 것, 곁들일 것

밤의 속껍질을 벗기고 으깬다.

오븐을 180℃로 예열한다.

소시지와 밤을 그릇에 담은 뒤 소금과 후추로 간하고 잘 섞는다.

섞은 소시지와 밤을 칠면조의 배 속에 넣어 채우고 꿰맨다. 판체타로 칠면조의 가슴을 덮고 요리용 실로 몸통을 두른 뒤 묶어 고정시킨다. 칠면조 전체를 소금과 후추로 간한다.

통구이팬에 올리브기름을 넉넉히 바르고 칠면조를 담아 오븐에 넣고 1시간 30분 굽는다. 가끔 오븐을 열어 배어 나온 육즙을 겉면에 발라 준다. 칠면조를 꺼내 판체타를 가슴에서 걷어 내고 다시 오븐에 넣어 속까지 부드럽게 다 익도록 30분가량 더 굽는다.

칠면조를 따뜻한 접시에 올리고 썬다. 구운 판체타, 밤을 얹고 양상추 잎을 곁들여 낸다.

가지 파르미지아노

PARMIGIANA DI MELANZANE

❦ ❦

가지 파르미지아노는 이탈리아 남부의 가장 유명한 식재료 세 가지, 즉 가지와 모차렐라 치즈, 그리고 토마토로 만드는 요리이다. 지역마다 요리법이 달라서 가지에 달걀과 밀가루 옷을 입혀 풍성하고 고소하게 튀기는 곳도 있다. 가지를 브로일러나 그릴에 밀가루를 입히지 않고 구워 기름을 적게 쓰는(또한 맛도 덜 강렬한) 버전도 있다. 가지 파르미지아노는 완벽한 채식 요리의 역할도 한다.

●

4인분
준비: 40분, 염장 1시간 별도
조리: 30분

●

가지 700g, 세로로 썬다(두께 5mm)
토마토 500g, 껍질 벗겨 씨를 발라내고 깍둑썬다
생바질 ½단
설탕 1자밤
올리브기름 160ml
갓 갈아 낸 파르미지아노 치즈 50g
모차렐라 치즈 100g, 얇게 저미거나 강판에 간다
달걀 2개, 푼다
버터 2큰술
소금과 후추

가지를 체에 담고 소금을 솔솔 뿌린 뒤 1시간 동안 절인다.

가지를 절이는 사이 토마토와 바질 잎 4~5장을 팬에 담아 소금과 후추로 간하고 입맛에 따라 설탕을 더한 뒤 센불에서 자주 뒤적이며 15~20분 볶는다. 익힌 토마토를 체에 내려 그릇에 담는다. 약 240ml의 토마토 소스가 나온다.

오븐을 180℃로 예열한다.

절인 가지를 씻은 뒤 키친타월에 올려 물기를 걷어 낸다. 프라이팬을 불에 올린 뒤 올리브기름 ⅓을 넣어 달군다. 달군 프라이팬에 가지를 넣고 양면이 노릇해지도록 지진다. 기름이 모자라면 보충한다. 가지는 키친타월에 올려 기름기를 걷어 낸다. 남은 가지도 같은 방법으로 지진다.

토마토 소스 60ml를 가로와 세로가 각 20cm인 오븐용 접시에 펴 바르고 그 위에 가지를 살짝 겹치도록 깐다. 이때 가지, 파르미지아노 치즈, 토마토 소스의 순으로 모든 재료가 소진될 때까지 되풀이하여 쌓는다. 파르미지아노 치즈를 솔솔 뿌리고 모차렐라 치즈로 덮은 뒤 바질 잎 몇 장과 푼 달걀 2큰술을 올려 마무리한다. 버터를 올린 뒤 오븐에 넣어 30분 구워 낸다. 차갑게 먹어도 좋다.

애호박 프리타타

FRITTATA CON LE ZUCCHINE

프리타타는 간단하면서 맛도 좋다. 달걀에 거의 모든 재료를 더해 익히면 만들 수 있으므로 엄청나게 유용한 요리이다. 애호박 프리타타 레시피를 소개하지만 아스파라거스, 시금치, 양파, 감자 등 어떤 채소든 활용할 수 있으며 입맛에 따라 햄이나 치즈도 더할 수 있다. 주요리로 낼 때는 달걀 2개가 1인분이지만 다른 단백질에 곁들여 낼 때에는 양을 줄인다. 가장자리는 위와 아래 모두 바삭하되 속은 푹신해야 맛있는 프리타타가 된다. 잘 만든다면 뜨거워도 차가워도 맛있다. 전체가 고루 익었는지 확인하고 프리타타를 뒤집어야 망가지지 않는데, 일단 평평한 뚜껑이나 큰 접시를 덮어 뒤집은 뒤 팬에 다시 담아 마저 익힌다. 어쨌든 프리타타는 단 한 번만 뒤집어 익혀야 한다는 것을 기억하자.

●

4인분
준비: 20분
조리: 20분

●

올리브기름 2큰술
버터 50g
애호박 300g, 얇게 썬다
달걀 8개
소금과 후추

프라이팬을 불에 올리고 올리브기름과 버터 절반을 넣어 달군 뒤 애호박을 더해 가끔 뒤적이며 10분 볶는다. 소금과 후추로 간하고 불에서 내린다.

그릇에 달걀을 푼 뒤 소금 1자밤을 더해 섞고 볶은 애호박을 담는다. 달군 프라이팬에 남은 버터를 넣어 녹이고 달걀과 애호박을 부어 밑면을 고르게 익힌다. 뒤집어 반대 면도 익힌다. 이때 노릇하면서 가운데 속까지 익을 정도로 굽는다. 차갑게 먹어도 좋고 뜨겁게 먹어도 좋다.

고기 채운 애호박

BARCHETTE DI ZUCCHINE RIPIENE

❧

애호박과 가지는 속을 채워 익혀 먹기 좋은 채소이다. 애호박에는 고기, 가지에는 채소를 채우는 레시피를 소개하지만 먹거나 대접받는 이의 취향에 따라 바꿔도 좋다. 고기와 채소뿐만이 아니라 버섯, 치즈, 빵가루 등을 채울 수도 있다. 만들기 쉽고 부담이 적어 주요리나 곁들이, 혹은 안티파스토로도 낼 수 있다. 익히자마자 뜨겁게 먹어도 좋지만 상온에 둔 걸 다음 날 먹어도 맛있다.

●

4인분
준비: 35분
조리: 40분

●

다진 염장 햄 100g
다진 생이탈리안 파슬리 2큰술
마늘 1쪽, 다진다
판체타 50g, 다진다
기름기 적은 쇠고기 간 것 100g
갓 갈아 낸 파르미지아노 치즈 2큰술
달걀 1개, 푼다
애호박 큰 것 4개, 세로로 반 가른다
버터 50g
올리브기름 2큰술
양파 1개, 썬다
토마토 파사타 2큰술
소금과 후추

햄, 파슬리, 마늘, 판체타 절반, 쇠고기, 파르미지아노 치즈, 달걀을 그릇에 담아 잘 섞고 소금과 후추로 간한다.

껍질에 상처를 내지 않도록 주의하며 애호박의 씨가 있는 속살을 작고 날카로운 칼로 파낸다. 섞은 고기를 애호박 안에 채운다.

넓은 소테팬을 불에 올려 버터와 올리브기름을 담아 달구고 양파와 남은 판체타를 더한 뒤 가끔 뒤적이며 약불에서 5분 볶는다. 애호박의 껍질이 소테팬의 바닥에 닿도록 올리고 몇 분 더 익힌다.

토마토 파사타와 따뜻한 물 175ml를 그릇에 담아 섞은 뒤 소테팬에 더한다. 소금으로 간하고 뚜껑을 덮어 애호박이 부드러워지고 속이 다 익을 때까지 약불에서 20~30분 보글보글 끓인다. 익힌 애호박을 따뜻한 접시에 옮겨 담고 국물을 숟가락으로 떠서 끼얹는다.

채소 채운 가지

MELANZANE RIPIENE ALLE VERDURE

✽ ❦

가지는 언제나 체에 밭쳐 놓고 소금을 솔솔 뿌려 10분 두어 쓴맛을 뺀다. 가지는 용도가 많은 채소로서 남부의 전통 재료(토마토 소스와 모차렐라 치즈), 라구, 쇠고기 소스, 혹은 이 레시피처럼 모둠 채소 요리 등에 사용할 수 있다. 좀 더 풍성한 맛을 내고 싶다면 가지 전체를 토마토 소스로 익힌다. 애호박과 더불어 속을 채운 가지는 완벽한 채식 요리이다.

●

4인분
준비: 50분
조리: 35분

●

가지 6개
올리브기름 3큰술, 바를 것 별도
양파 1개, 썬다
빨간 파프리카 3개, 썬다
셀러리 줄기 1대, 썬다
토마토 4개, 썬다
달걀 3개, 푼다
갓 갈아 낸 파르미지아노 치즈 50g
소금과 후추

가지를 세로로 반을 갈라 티스푼으로 속살을 파낸다.
껍데기는 두고 속살은 곱게 다진다.

오븐을 180℃로 예열한다.

얇은 팬을 불에 올려 올리브기름을 두른 뒤 달군다. 양파를 더해
종종 뒤적이며 부드러워질 때까지 약불에서 5분가량 볶는다.
다진 가지 속살, 파프리카, 셀러리, 토마토를 더하고 소금과 후추로 간한 뒤
가끔 뒤적이며 15분 더 볶는다.

오븐 사용이 가능한 접시에 올리브기름을 바른다. 팬의 불을 끄고
푼 달걀을 더해 크림처럼 매끈해질 때까지 잘 섞어 속을 만든다.

가지에 속을 채우고 기름을 바른 접시에 담은 뒤 치즈를 솔솔 뿌려
오븐에 넣고 15분 굽는다. 오븐에서 꺼내 잠깐 식혔다가 낸다.

근대와 리코타 파이

TORTA DI BIETOLINE E RICOTTA

레시피에서 소개하는 것처럼 맛있는 파이는 이탈리아의 어느 지역 요리에서나 찾아볼 수 있을 만큼 흔하다. 이탈리아의 많은 레시피가 그렇듯 이 버전은 한 가지 예만을 보여 줄 뿐이다. 입맛에 따라 다른 채소나 치즈, 혹은 햄이나 베이컨을 채울 수 있다. 제철 재료를 채워 넣으면 사시사철 파이를 만들 수 있으니 여름에는 차갑게 안티파스토로, 쌀쌀한 겨울에는 속을 든든하게 채워 주는 주요리로 낸다.

●

8인분
준비: 20분, 식히기 30분 별도
조리: 35분

●

파이 반죽(숏크러스트 페이스트리):
중력분 500g, 두를 것 별도
올리브기름 2큰술, 바를 것 별도
소금 ½작은술

소:
근대 또는 시금치 625g
리코타 치즈 250g
갓 갈아 낸 파르미지아노 치즈 120g
양파 1개, 곱게 다진다
달걀 1개, 푼다
소금과 후추

근대 또는 시금치를 소금물에 30분 담가 둔다.

파이 반죽을 만든다. 밀가루를 체에 내려 대접에 담고 가운데에 우물을 판 뒤 올리브기름, 소금, 물 240ml를 더한다. 손으로 한데 모아 반죽한 뒤 둥글게 빚어 랩으로 싸서 냉장고에 30분 둔다.

오븐을 180℃로 예열하고 가로 20cm, 세로 30cm의 제과제빵팬에 유산지를 두른다. 밀가루를 가볍게 두른 작업대에 반죽을 올리고 반으로 나눠 각각 가로 25cm, 세로 35cm의 사각형으로 얇게 민다. 1장을 제과제빵팬에 올린다.

소를 만든다. 근대 혹은 시금치를 건져 물기를 꼭 짜고 굵게 썰어 리코타 치즈, 파르미지아노 치즈, 양파, 달걀과 섞은 뒤 소금과 후추로 간한다. 제과제빵팬에 올린 반죽 위에 잘 펴서 바르고 남은 반죽으로 덮는다. 반죽의 가장자리를 위로 한 번 접은 뒤 눌러 여민다.

파이의 표면에 올리브기름을 넉넉히 바르고 오븐에 넣어 35분 굽는다. 오븐에서 꺼내 5분 두었다가 낸다.

마르게리타 피자

PIZZA
MARGHERITA

옴베르토 1세와 마르게리타 여왕은 나폴리의 대표 음식인 피자가
궁금했다. 그래서 1899년, 요리사 돈 라팔레를 나폴리의 카포 디 몬테 궁의
주방으로 초대했다. 돈 라팔레가 만든 여러 피자 가운데 여왕은 모차렐라
치즈, 토마토, 바질로 만든 피자를 선택했다. 이 피자는 '마르게리타'라는
이름이 붙었다. 이탈리아 남부에서만 재배했던 토마토가 이제는
흔해지면서 마르게리타 피자가 나폴리를 넘어 전 세계로 퍼져 나갔다.
제철이 아니라면 품질 좋은 토마토 소스(36쪽 참조)로 대체한다.

피자 큰 것 1판 또는 작은 것 2판
준비: 15분
조리: 22분

올리브기름, 바르고 뿌릴 것
피자 도우(47쪽 참조) 레시피 1개 분량
중력분, 두를 것
토마토 6~8개, 껍질 벗기고 썬다
생모차렐라 치즈 2덩이, 썬다
생바질 잎 12장, 찢는다
소금과 후추

오븐을 220℃로 예열하고 제과제빵팬에 유산지를 두른 뒤
올리브기름을 바른다. 작은 피자 2판을 굽는다면 반죽을 2등분한다.

밀가루를 가볍게 두른 작업대에서 반죽을 얇게 민 뒤 제과제빵팬에
올리고 눌러 편다. 토마토를 솔솔 뿌리듯이 얹고 올리브기름을 뿌린 뒤
오븐에 넣고 15~20분 굽는다.

모차렐라 치즈를 올리고 소금과 후추로 간한 뒤 올리브기름을 뿌리고
7~8분 더 굽는다. 바질 잎을 솔솔 뿌려 뜨거울 때 낸다.

감자 피자

PIZZA DI PATATE

전통 피자와는 조금 다른, 범상치 않은 이 요리는 도우 위에 감자, 판체타, 탈레지오 치즈를 올려 만든다. 서로 잘 어울리는 재료를 얹어 만들 수 있는, 피자라는 음식의 다양성을 보여 주는 또 다른 예이다. 탈레지오 치즈는 모차렐라 치즈로 대체할 수 있으며, 판체타를 빼면 채식 피자가 된다. 다만 레시피의 재료를 전부 쓰면 풍부하고 푸짐하며 포만감을 주는 피자를 구울 수 있다.

●

피자 큰 것 1판 또는 작은 것 2판
준비: 15분
조리: 25분

●

올리브기름, 바르고 뿌릴 것
점질 감자 3개
피자 도우(47쪽 참조) 레시피 1개 분량
중력분, 두를 것
판체타 200g
탈레지오 치즈 100g
파르미지아노 치즈 50g, 저민다
다진 로즈메리 잎 1큰술
소금과 후추

오븐을 220℃로 예열하고 피자 개수에 맞춰 제과제빵팬을 준비한다. 제과제빵팬에 올리브기름을 바르거나 유산지를 두른다.

큰 팬에 소금물을 끓여 감자를 넣고 부드러워질 때까지 12분가량 삶는다. 건져 식힌 뒤 껍질을 벗겨 얇게 썬다.

작은 피자 2판을 굽는다면 반죽 1개를 2등분한다. 밀가루를 가볍게 두른 작업대에서 반죽을 얇게 민 뒤 제과제빵팬에 올리고 눌러 편다. 반죽의 중심에서 바깥쪽으로 나아가며 반죽을 손으로 펴 둥글게 모양을 잡고 가장자리를 살짝 접어 준다. 감자를 살짝 겹치도록 깔고 올리브기름을 뿌린다.

피자를 오븐에 넣어 15분 구운 뒤 꺼내 판체타와 치즈를 얹고 로즈메리를 솔솔 뿌린다. 소금과 후추로 간하고 다시 오븐에 넣어 7~8분 더 구운 뒤 뜨거울 때 낸다.

사계절 피자

PIZZA QUATTRO STAGIONI

피자 도우를 네 면으로 나눠 각각에 좋아하는 재료를 얹어 굽는 피자이다.
홍합과 안초비, 햄을 얹어 '육지와 바다(surf and turf)'의 개념을 구현한
레시피를 소개한다. 구할 수 있는 재료, 특히 좋아하는 것이라면 무엇이든
얹어 취향의 피자를 구워 보자.

●

피자 큰 것 1판 또는 작은 것 2판
준비: 20분
조리: 15~20분

●

올리브기름, 바르고 뿌릴 것
홍합 65g, 박박 문질러 닦고 수염을 뽑는다
피자 도우(47쪽 참조) 레시피 1개 분량
중력분, 두를 것
토마토 4개, 껍질 벗기고 씨를 발라 곱게 썬다
통조림 안초비 4쪽, 세로로 반 가른다
녹색 올리브 50g
염장 햄 50g, 깍둑썬다
모차렐라 치즈 50g
기름에 재운 어린 아티초크 4개, 반 가른다
검정 올리브 50g
소금과 후추

오븐을 220℃로 예열하고 피자 개수에 맞춰 제과제빵팬을 준비한다.
제과제빵팬에 올리브기름을 바르거나 유산지를 두른다.

껍데기가 깨졌거나 두드렸을 때 바로 입을 다물지 않는 홍합은 버린다.
마른 팬에 홍합을 담고 센불에 올려 입을 열 때까지 2~3분 익힌다.
입을 열지 않은 홍합은 골라 버리고, 살만 발라낸다.

작은 피자 2판을 굽는다면 반죽 1개를 2등분한다. 밀가루를 가볍게 두른
작업대에서 반죽을 얇게 민 뒤 제과제빵팬에 올리고 눌러 편다.
반죽 위에 토마토를 솔솔 뿌리듯이 얹고 칼등으로 금을 그어 4등분한다.
각각의 면에 안초비와 녹색 올리브, 홍합, 햄과 모차렐라 치즈, 아티초크와
검정 올리브를 순서대로 올린다. 소금과 후추로 간하고 올리브기름을
뿌려 15~20분 굽는다.

소시지 피자

훈연 향이 배인 판체타와 이탈리안 소시지가 페코리노 치즈와 조화롭게 어우러지는, 고기에 중점을 둔 피자이다. 서로 어울린다면 어떤 재료를 얹더라도 맛있는 피자를 구울 수 있음을 보여 주는 레시피이다.

피자 큰 것 1판 또는 작은 것 2판
준비: 30분
조리: 25~30분

올리브기름, 바르고 뿌릴 것
피자 도우(47쪽 참조) 레시피 1개 분량
중력분, 두를 것
토마토 4개, 껍질 벗기고 씨를 발라 곱게 썬다
이탈리아 소시지 200g, 껍질 벗기고 부스러트린다
갓 갈아 낸 로마노(페코리노) 치즈 50g
훈제 판체타 100g, 저민다
다진 로즈메리 잎 1작은술
생바질 잎 6장, 찢는다
소금과 후추

오븐을 220℃로 예열하고 피자 개수에 맞춰 제과제빵팬을 준비한다.
제과제빵팬에 올리브기름을 바르거나 유산지를 두른다.

작은 피자 2판을 굽는다면 반죽 1개를 2등분한다. 밀가루를 가볍게 두른
작업대에서 반죽을 얇게 민 뒤 제과제빵팬에 올리고 눌러 편다.
반죽 위에 토마토를 솔솔 뿌리듯이 얹고 올리브기름을 뿌린다.
오븐에 넣어 15~20분 굽는다.

소시지와 로마노(페코리노) 치즈를 그릇에 담아 섞고 소금과 후추로
간한 뒤 피자 위에 솔솔 뿌리고 판체타를 얹는다. 로즈메리와 바질을
뿌린 뒤 올리브기름을 뿌려 7~8분 더 굽는다.

하얀 피자

PIZZA BIANCA

토마토를 얹지 않았다면 무엇이든 '하얀 피자'라 일컬을 수 있다.
모차렐라와 탈레지오 치즈만으로 간단히 구울 수 있지만 잘 녹는
치즈라면 역시 어떤 것이든 얹을 수 있다. 얇고 바삭한 피자를 좋아한다면
이 레시피를 따르고, 두껍고 부드러운 피자를 먹고 싶다면 반죽을
제과제빵팬에 올린 뒤 45분 더 발효시킨다.

●
피자 큰 것 1판 또는 작은 것 2판
준비: 15분
조리: 20분
●

올리브기름, 바르고 뿌릴 것
피자 도우(47쪽 참조) 레시피 1개 분량
중력분, 두를 것
모차렐라 치즈 150g, 저민다
탈레지오 치즈 150g, 저민다
생오레가노 잎 몇 장
또는 말린 오레가노 잎 넉넉하게 1자밤
소금과 후추

오븐을 220℃로 예열하고 피자 개수에 맞춰 제과제빵팬을 준비한다.
제과제빵팬에 올리브기름을 바르거나 유산지를 두른다.

작은 피자 2판을 굽는다면 반죽 1개를 2등분한다. 밀가루를 가볍게 두른
작업대에서 반죽을 얇게 민 뒤 제과제빵팬에 올리고 눌러 편다.
반죽 위에 모차렐라와 탈레지오 치즈를 얹는다.
오레가노를 솔솔 뿌리고 소금과 후추로 간한다.
올리브기름을 뿌리고 오븐에 넣어 20분 구운 뒤 낸다.

곁들이

CONTORNI

이탈리아의 미식 세계에서 '콘토르노'는 채소나 콩을 바탕으로 만든, 주요리의 곁들이 음식이다. 레시피에 따라 주요리와 한 접시에, 또는 별도의 접시에 담아낸다. 곁들이로 한데 묶어 놓기는 했지만 이탈리아 최고 수준의 농산물을 돋보이게 해주는 레시피를 소개한다. 요즘은 마트나 식품 전문점에서 사시사철 좋은 식재료를 살 수 있지만, 제철 재료로 메뉴를 짜고 맛을 최대한 끌어내는 레시피를 골라 요리해야 한다.

예를 들어 아주 많은 이탈리아 요리의 재료로 사용하는 토마토는 여름에 맛있으니 발사믹 식초와 토마토 오븐 구이(284쪽 참조)나 토마토 그라탕(260쪽 참조)이 제맛을 가장 잘 살려 주는 레시피이다. 토마토 그라탕의 경우 케이퍼와 안초비를 더해 붉은 토마토 과육의 새콤함을 더욱 끌어내고 위에 빵가루를 솔솔 뿌려 즐거운 아삭함을 더한다.

이렇게 이탈리아인은 여름 동안 토마토를 즐기다가 여름이 지나면 파사타처럼 보존해 둔 토마토로 요리한다. 토마토가 풍성하고 맛이 가장 좋을 때 토마토 퓌레를 체에 내려 만든 파사타는 따뜻한 이탈리아의 여름날을 떠올리는 맛이다. 그래서 작은 새 콩 요리(258쪽 참조)나 우미도 렌틸콩(266쪽 참조)처럼 추운 겨울에 완벽한 곁들이 요리로 즐길 수 있고 가벼운 점심 식사로도 만들 수 있다.

사실 여기 소개한 레시피 대부분이 곁들이 뿐만 아니라 따로 먹어도 맛있는, 가벼운 요리임을 기억하자. 점심이든 저녁이든, 또는 채식하는 이를 위한 식단이든 제 몫을 잘할 것이다. 빵을 곁들여 샐러드와 함께 먹어도 좋고(다만 콘토르노는 뜨거우니 별도의 접시에 담아낸다.), 아니면 두세 가지를 함께 묶어 소박하지만 다양한 끼니를 구성할 수도 있다.

곁들이를 준비할 때는 무엇보다 재료의 제철에 초점을 맞춘다. 이를테면 판체타와 완두콩 볶음(282쪽 참조)만큼 봄의 맛을 제대로 내는 곁들이가 없다. 톡톡 터지는 생생함이 가득 찬 완두콩은 짭짤한 판체타 조각과 완벽히 어울린다. 채소가 익어 제맛을 내고 맛있는 이파리 채소가 널린 여름이면 곁들이를 준비하기도 무척 쉬워진다. 채소 텃밭이나 마트에서 구할 수 있는 재료를 돋보이게 해 줄 속 채운 호박꽃(262쪽 참조), 섬세한 페페로나타(280쪽 참조) 등의 레시피를 참고하자. 날씨가 추워지면 다른 제철 재료로 눈을 돌리자. 포르치니 버섯으로 버섯 트리폴라티(264쪽 참조)를 준비해도 좋고 포근하고 풍성한 감자 오븐 구이(274쪽 참조), 베샤멜 소스의 치커리(276쪽 참조) 등도 있다.

여기 소개한 레시피를 따르지 않더라도, 좋아하는 채소로 요리해 맛있는 콘토르니를 만들 수 있다. 영양분 손실이 적을뿐더러 지방을 더하지 않아도 되므로 채소는 쪄서 익힌 뒤 소금과 올리브기름 약간으로 맛을 낸다. 가지, 애호박, 파프리카와 토마토는 오븐에 통으로, 혹은 브로일러나 그릴에 양념 없이 구운 뒤 소금 1자밤과 올리브기름 약간으로 마무리한다.

작은 새 콩 요리

FAGIOLI ALL'UCCELLETTO

작은 새 콩 요리는 맛있는 채식 곁들이 요리이자 토스카나의 전통적인 요리이다. 마늘과 올리브기름을 문지른 빵을 곁들이면 주요리로도 먹을 수 있다. 이름('우첼레토'는 이탈리아어로 '작은 새'라는 뜻이다.)의 유래가 정확하지는 않지만 토스카나 지방에서 작은 새를 요리할 때 쓰는 양념에서 온 것 같다. 원래 흰 강낭콩을 쓰지만 다른 색의 콩으로도 만들 수 있다.

●

4인분
준비: 15분, 불리기 12시간 별도
조리: 2시간 30분

●

말린 콩 300g, 찬물에서 12시간 불린다
올리브기름 3큰술
마늘 2쪽, 껍질 벗긴다
생세이지 잎 4~5장
통조림 토마토 400g들이 1통
소금과 후추

큰 팬에 콩을 담고 잠기도록 물을 부은 뒤 불에 올린다. 끓어오르기 시작하면 약불로 낮춰 부드러워질 때까지 2시간 동안 보글보글 끓인다.

콩을 삶는 사이 프라이팬에 올리브기름을 두르고 불에 올려 달군다. 마늘과 세이지를 더해 몇 분 지진 뒤 마늘이 노릇해지면 건져 버린다.

삶은 콩을 체에 밭쳐 물기를 빼고 팬에 넣어 중불에서 10분 끓인다. 토마토를 더하고 소금과 후추로 간한 뒤, 자주 뒤적이며 소스가 걸쭉해질 때까지 15분가량 더 끓인다. 팬을 불에서 내리고 콩을 따뜻한 접시에 담아낸다.

토마토 그라탕

사실 이탈리아 요리의 대표 재료인 토마토는 놀랍게도 16세기나 되어서야
먹기 시작했다. 중앙아메리카와 남아메리카의 아즈텍족은 이미 토마토를
경작했지만 이탈리아에서는 남부처럼 기후 조건이 완벽하게 갖추어진
뒤에야 토마토가 이탈리아 음식에 뿌리를 내렸다. 오븐 구이나 찜으로
간단히 요리한 농어나 아구 같은, 생선 요리의 맛을 북돋워 주는
섬세한 토마토 그라탕 레시피를 소개한다. 바비큐나 그릴 구이 고기,
양고기 요리에도 잘 어울린다.

●

4인분
준비: 40분, 물기 빼기 1시간 별도
조리: 40분

●

토마토 4개, 반 가른다
올리브기름 3큰술, 바르고 뿌릴 것 별도
빵가루 100g
양파 1개, 곱게 썬다
통조림 안초비 3쪽, 다진다
생이탈리안 파슬리 1줄기, 다진다
물에 씻어 다진 케이퍼 1큰술
소금

토마토의 씨와 속살 일부를 파내고 소금을 솔솔 뿌린 뒤
키친타월에 뒤집어 올려 1시간 동안 물기를 뺀다.

오븐을 160℃로 예열한다. 오븐 사용이 가능한 내열 접시에
올리브기름을 바른다.

팬에 올리브기름 1큰술을 두르고 불에 올려 달군 뒤 빵가루 500g을 더해
자주 뒤적이며 노릇해질 때까지 볶는다. 불에서 내려 한쪽에 둔다.

남은 올리브기름을 팬에 두르고 불에 올려 달군 뒤 양파를 더해
약불에서 종종 뒤적이며 5분 볶는다. 안초비와 파슬리를 더해
잘 섞은 뒤 불에서 내린다. 케이퍼와 볶은 빵가루를 더해 섞는다.

토마토에 양파와 볶은 빵가루 소를 채워 준비한 내열 접시에 담는다.
남은 빵가루를 솔솔 뿌리고 올리브기름을 뿌린 뒤 오븐에 넣어
노릇해질 때까지 40분가량 굽는다.

속 채운 호박꽃

FIORI DI ZUCCHINE RIPIENI

호박꽃은 주로 묽은 반죽을 입혀 튀겨 먹는다. 하지만 호박꽃은
그냥 먹어도 좋고, 레시피에서 소개하듯 치즈 무스를 채워도 좋다.
속을 채운 호박꽃은 여름이면 전채로, 빵과 함께라면 치즈 코스로도
낼 수 있다. 호박꽃의 재철은 아주 잠깐이지만 파는 마트가 점점 늘고 있다.

●

4인분
준비: 30분

●

로비올라 치즈 200g, 깍둑썬다
부스러트린 고르곤졸라 치즈 200g
딜 오이 피클(게르킨) 3개, 다진다
달걀노른자 1개분
호박꽃 12개, 손질한다
소금

치즈를 접시에 담고 매끈해질 때까지 나무 숟가락으로 으깨고 섞는다.
소금과 피클, 달걀노른자를 더해 살포시 섞어 치즈 무스를 만든다.

호박꽃에 치즈 무스를 채우고 접시에 가지런히 담아낸다.

버섯 트리폴라티

FUNGHI TRIFOLATI

♣ ⚘ ⚱ ⬚ ◖

포르치니 버섯의 독특하고도 강렬한 맛을 살리는 데 트리폴라티만 한
요리법이 없다. 종종 비쌀 때도 있고 이탈리아 외의 나라에서는 찾기가
어렵다. 하지만 손질이 쉽고, 폴렌타나 고기 요리의 맛을 돋워 주는
곁들이로 만들거나 파스타의 맛을 끌어올리는 데도 쓸 수 있다. 조리 전에는
씻지 말고 칼과 솔로 먼지를 털어 내는 정도로만 손질한다. 모래가 많다면
흐르는 물에 아주 잠깐 씻었다가 키친타월에 올려 버섯이 물기를 흡수하기
전에 건져 낸다. 트리폴라티의 조리는 버섯의 크기와 두께에 달렸다.
버섯이 부드럽지만 무르지는 않도록 상태를 잘 파악하며 조리한다.

●

4인분
준비: 15분
조리: 15분

●

올리브기름 3큰술
버터 50g
마늘 1쪽, 껍질 벗긴다
포르치니 버섯 900g, 씻은 뒤 썬다
생이탈리안 파슬리 1대, 다진다
소금과 후추

팬을 불에 올려 올리브기름과 버터 절반을 넣고 달군 뒤 마늘을 더해
노릇해질 때까지 지지고 마늘은 건져 버린다.

팬에 포르치니 버섯을 더해 배어난 수분이 날아갈 때까지 센불에서 5~6분
볶은 뒤 불을 낮춰 부드럽지만 심이 살짝 씹힐 때까지 익힌다.

다진 파슬리와 남은 버터를 접시에 담아 잘 섞은 뒤 팬에 더하고
소금과 후추로 간한다. 바로 먹지 않는다면 살포시 데워 낸다.

우미도
렌틸콩

LENTICCHIE
IN UMIDO

우미도 렌틸콩은 매해 마지막 날 저녁 식사에 빠져서는 안 되는, 모든 전통 요리 가운데서도 주역이다. 렌틸콩이 새해에 행운과 재물을 가져다준다는, 상서로운 식재료라 여겨지기 때문이다. 또한 렌틸콩은 소시지를 비롯한 돼지고기 요리를 비롯해 카레, 파프리카, 강황, 생강부터 로즈매리, 타임, 마저럼 같은 허브에도 완벽하게 잘 어울린다. 토마토 소스의 렌틸콩에서 판체타를 빼기만 하면 채식 요리가 된다. 맛있고 영양 많은 곁들이 음식이지만 채소 육수(33쪽 참조)를 더하면 훌륭한 채식 수프가 된다.

❀

•

4인분
준비: 15분, 콩 불리기 3시간 별도
조리: 40~55분

•

렌틸콩 250g, 찬물에 3시간 불린다
올리브기름 2큰술
버터 25g
생세이지 잎 1장, 다진다
판체타 25g, 다진다
당근 1개, 다진다
셀러리 줄기 1대, 다진다
양파 1개, 다진다
토마토 파사타 500ml
소금과 후추

불린 렌틸콩을 팬에 담고 잠기도록 물을 부은 뒤 불에 올린다.
끓기 시작하면 불을 줄여 부드럽지만 뭉개지지는 않을 때까지
30~45분 삶는다.

콩을 삶는 사이 다른 팬을 불에 올리고 올리브기름과 버터를 넣고 달궈
세이지, 판체타, 당근, 셀러리, 양파를 더해 종종 뒤적이며 약불에서 5분
볶는다. 파사타를 더하고 소금과 후추로 간한 뒤 15분 더 보글보글 끓인다.

삶은 렌틸콩을 건져 채소에 더한 뒤 잘 섞어 10분 더 보글보글 끓인다.
따뜻한 접시에 옮겨 담는다.

유대인식
아티초크

CARCIOFI
ALLA GIUDIA

❀ ❀ ❀ ❀ ❀ ❀

이 레시피의 역사는 중세 시대까지 거슬러 올라간다. 중세 시대의
로마인들이 제맛을 내는 유대인의 거주 지역까지 찾아가 아티초크를
먹었던 것에서 탄생했다. 중세 시대의 원조 레시피를 충실히 따라 치마롤리
혹은 마몰래라 일컫는, 작고(지름이 10cm 이하) 둥글며 속이 치밀한
아티초크를 쓰자. 이 레시피를 따라 조리하면 작은 아티초크가
국화꽃처럼 피어날 것이다.

●

4인분
준비: 10분
조리: 25분

●

어리고 가시 없고 둥근 로마 아티초크 8개
올리브기름
소금

아티초크의 줄기를 꺾고 봉우리의 질긴 바깥쪽 잎을 떼어 낸 뒤
눕힌 채로 도마에 올려 날카로운 칼로 끝을 잘라 낸다.
밑동은 넓고 위는 둥글게 모양이 잡힐 것이다.

넓고 깊은 튀김팬에 아티초크를 넣고 아티초크의 절반이 잠기도록
올리브기름을 부은 뒤 불에 올려 서서히 온도를 올린다. 아티초크의
봉우리를 조금 열어 세워 둔다. 중불에서 10~12분 익힌 뒤 아티초크를
뒤집고 불을 올려 노릇하고 끝이 바삭해질 때까지 10분가량 더 튀긴다.
구멍 뚫린 국자로 부서지지 않도록 조심스레 건진다. 소금 1자밤을
솔솔 뿌려 바로 낸다.

라디치오
오븐 구이

RADICCHIO
AL FORNO

❁ ✿ ◊ ⌂ ▦ ▭ ◑

예전에는 라디치오를 베네토, 좀 더 정확히는 트레비소에서만 먹을 수 있었다. 빨간색과 흰색의 샐러드 채소인 라디치오는 여러 종류가 있지만 여기서는 두꺼운 아래쪽 이파리가 흰색이고 길쭉한 걸 쓴다. 이 라디치오는 독특한 쓴맛을 지닌 겨울 샐러드 채소이다. 오븐에 굽는 레시피를 소개하지만 팬에 그대로 구운 뒤 소금과 기름을 뿌려도 아주 맛있다.

●

4인분
준비: 10분
조리: 20분

●

올리브기름 4큰술
트레비소 라디치오 3통(약 675g), 다듬어 세로로 반 가른다
레몬즙 ½개분, 거른다
소금과 후추

오븐을 180℃로 예열한다.

올리브기름의 절반을 오븐 사용이 가능한 내열 대접에 붓고
라디치오를 올린다. 나머지 올리브기름을 끼얹고 소금과 후추로 간한다.
접시를 은박지로 덮고 오븐에 넣어 20분가량 굽는다.

내열 대접을 오븐에서 꺼내 라디치오를 따뜻한 접시에 옮겨 담고
레몬즙을 끼얹어 낸다.

카포나타

CAPONATA

카포나타는 시칠리아 이미지를 그대로 품고 있는 요리이다. 시칠리아의 태양과 섬의 재료를 이 한 접시로 고스란히 느낄 수 있다. 다양한 채소와 더불어 시칠리아의 지역 재료인 케이퍼, 건포도, 잣을 쓰는 래시피를 소개한다. 카포나타의 이름에 대한 기원은 확실하지 않다. 선원들의 끼니였던 카포네('커다란 노'라는 뜻)에서 왔다는 주장이 있다. 그리고 시칠리아애서는 카포나타와 비슷한 음식이 나오는 오스태리아(여관)를 카우포나라 부르기도 하기에 여기서 유래되었다는 말도 있다. 카우포나에서는 카포나타를 미리 만들었다가 데워서 내지만 차갑게 혹은 미지근하게 먹어도 좋다.

✽ ♉ ☖

●

4~6인분
준비: 1시간
조리: 1시간 40분

●

올리브기름 2큰술, 튀김용 별도
가지 큰 것 4개, 깍둑썬다
양파 1개, 얇은 링 모양으로 썬다
설탕 50g(입맛 따라)
토마토 소스(36쪽 참조) 100ml
레드 와인 식초 100ml, 케이퍼에 쓸 것 별도
셀러리 줄기 2대분
씨를 발라낸 녹색 올리브 150g
소금에 절인 케이퍼 90g, 식초물에 담가 둔다
건포도 30g, 따뜻한 물에 불린다
잣 30g
바질 잎 1줌, 채 썬다
소금

마무리:
빵가루 1줌
껍질 벗겨 구운 뒤 곱게 다진 아몬드 3큰술

냄비에 올리브기름을 담아 불에 올리고 180℃, 또는 깍둑썬 빵 조각이 30초 안에 노릇해지도록 예열한다. 가지를 넣고 바삭하고 노릇해질 때까지 8~10분 튀긴다. 구멍 뚫린 국자로 가지를 건진 뒤 키친타월에 올려 기름기를 걷어 낸다.

프라이팬에 양파를 넣고 올리브기름과 설탕 40g을 더해 약불에 올린 뒤 서서히 볶아 캐러멜화한다.

토마토 소스를 작은 팬에 담아 불에 올려 데우고 식초와 남은 설탕을 더해 섞는다.

끓는 물에 셀러리를 넣어 1분 데친 뒤 건져 잘게 깍둑썬다. 올리브도 넣어 1분 데친 뒤 다진다.

큰 팬에 올리브기름 2큰술을 담아 셀러리와 양파를 넣고 불에 올려 노릇하게 지진다. 올리브, 케이퍼, 건포도, 잣을 더하고 몇 분 동안 뒤적이며 볶는다. 토마토 소스, 바질, 가지를 더해 15분 살포시 익히고 소금과 후추로 간한다. 불에서 내려 접시에 옮겨 담는다.

작은 팬을 불에 올려 올리브기름 약간을 둘러 달군 뒤 빵가루를 더해 계속 뒤적이며 노릇하게 볶아 카포나타 위에 솔솔 뿌린다. 다진 아몬드를 올려 마무리하고 그대로 식혀 낸다.

감자 오븐 구이

PATATE AL FORNO

이탈리아 요리 세계 어디에서든 감자를 찾을 수 있다 보니 이 요리의
고향은 미국이고, 유럽에는 16세기에 건너왔다는 사실을 잘 잊는다.
감자는 오븐에 구우면 통구이 고기나 그릴 또는 오븐에 익힌 생선 요리에
훌륭한 곁들이가 된다. 바삭하고 맛있게 구워 세이지, 오레가노,
타임 같은 허브로 맛을 내도 좋다.

●

4인분
준비: 10분, 식히기 15분 별도
조리: 60분

●

점질 감자 800g
엑스트라 버진 올리브기름 4~5큰술
마늘 1쪽, 으깬다
생로즈메리 줄기(세이지나 오레가노로 대체 가능) 1대, 잎만 굵게 다진다
소금

오븐을 200℃로 예열한다. 통구이팬에 유산지를 두른다.

감자를 큰 팬에 담고 잠기도록 찬물을 부어 불에 올린다.
물이 끓기 시작하면 소금 1자밤을 더하고 10분가량 삶는다.

감자를 건져 완전히 식힌 뒤 껍질을 벗기고 반달 모양으로 썬다.
통구이팬에 감자를 올리고 올리브기름, 으깬 마늘, 소금 1자밤,
로즈메리 잎을 솔솔 뿌린다.

통구이팬을 오븐에 넣어 30분가량 굽는다.

베샤멜 소스의
치커리

CICORIA ALLA
BESCIAMELLA

치커리는 섬세하고 쓴맛이 살짝 도는 샐러드 채소로, 그대로(오렌지 베이스의 비네그래트에 버무리면 맛있는 샐러드가 된다.) 혹은 레시피처럼 익혀 먹어도 좋다. 아니면 치커리 대신 회향, 콜리플라워, 서양대파 등의 채소로 바꿔 조리해도 맛있다. 햄을 빼면 채식 요리가 되고, 굽기 전에 파르미지아노 치즈를 솔솔 뿌려 마무리해도 좋다. 오븐에 넣어 굽는 동안 소스 속에서 계속 익을 것이므로 채소를 너무 푹 삶아 넣지 않는다.

•

4인분
준비: 30분
조리: 10분

•

흰 치커리 1kg
버터 25g, 바를 것 별도
굵게 다진 염장 햄 100g
베샤멜 소스(38쪽 참조) 300ml
소금

끓는 소금물에 치커리를 넣고 15분 삶아 건진다. 물기를 짜내고
세로로 반 가르거나 굵게 다진다.

오븐을 180℃로 예열하고 오븐 사용이 가능한 내열 대접에 버터를 바른다.

프라이팬을 불에 올리고 버터를 넣어 달군 뒤 치커리를 더해
가끔 뒤적이며 약불에서 10분가량 익힌다.

버터를 바른 대접에 치커리를 담고 햄을 위에 솔솔 뿌린 뒤
베샤멜 소스를 얹어 덮는다. 오븐에 넣어 10분 굽는다.

글레이즈 입힌
진주 양파

CIPOLLINE
GLASSATE

구운 고기, 치즈와 함께 이 요리를 즐기며 술을 한 잔 곁들이면 우울한 마음이 사라지고 기분이 좋아진다. 따뜻하게 먹어도 좋고 차갑게 먹어도 좋다. 이탈리아에서는 에밀리아 로마냐에서 자라는 보레타노로 이 요리를 만든다. 하지만 다른 양파를 사용해도 된다. 만들 때는 양파를 섬세하게 다루어 깨트리지 않아야 한다. 좀 더 강렬한 달콤함과 신맛을 좋아한다면 발사믹 또는 다른 식초를 첨가하면 된다.

●

4인분
준비: 15분
조리: 35분

●

버터 80g
진주 양파 500g, 껍질 벗긴다
설탕 1½작은술
소금

팬을 불에 올려 버터를 넣은 뒤 녹인다. 양파와 소금 1자밤을 더하여 양파가 버터를 어느 정도 빨아들일 때까지 나무 숟가락으로 뒤적이며 볶는다. 설탕을 뿌리고 양파가 잠길 만큼만 따뜻한 물을 붓는다.

물이 완전히 날아가고 양파가 살짝 캐러멜화될 때까지 약불에서 살포시 익힌다. 따뜻한 접시에 옮겨 담는다.

페페로나타

PEPERONATA

페페로나타는 그릴 구이, 혹은 바비큐에 아주 잘 어울리는 여름철의 곁들이 요리이자 채식 전채이다. 빨강, 노랑, 초록 등 색색의 파프리카를 써서 만들어도 좋고, 매운맛을 좋아한다면 고추를 더한다. 파프리카를 굽지 않고 스튜처럼 모든 채소를 한데 끓여서 페페로나타를 만들 수도 있지만 강렬한 맛은 떨어진다. 밥에 얹어서 채식 주요리나 첫 번째 코스로도 낼 수 있다.

●

4인분
준비: 1시간 15분
조리: 30분

●

다양한 색의 파프리카 4개
올리브기름 4큰술
마늘 1쪽, 껍질 벗긴다
양파 1개, 썬다
토마토 4개, 껍질 벗기고 씨를 발라 다진다
소금과 후추

오븐을 180℃로 예열한다. 통구이팬에 은박지를 두른다.

파프리카를 포크로 찌른 뒤 통구이팬에 올리고 오븐에 넣어 1시간 굽는다. 오븐에서 꺼내 은박지로 싸서 식힌다.

파프리카의 껍질을 벗겨 반 가른 뒤 씨를 벗겨 내고 굵게 썬다.

팬에 올리브기름과 마늘을 담아 불에 올린다. 파프리카와 양파를 더해 가끔 뒤적이며 약불에서 10분 볶는다.

토마토를 더하고 소금으로 간한 뒤 걸쭉해질 때까지 20분가량 더 익힌다. 불에서 내려 마늘을 건져 버리고 낸다.

판체타와
완두콩 볶음

PISELLI
ALLA PANCETTA

🌿 🍲

단짝인 판체타와 완두콩으로 맛있는 곁들이 요리를 금방 만들 수 있다.
제철인 봄의 완두콩은 싱싱하고 달콤하며 부드러워 특히 맛있다.
제철이 아니라면 냉동 제품으로 사시사철 만들 수 있다. 훈제하지 않은
판체타로 만들어도 좋다.

●

4인분
준비: 5분
조리: 25~30분

●

깐 완두콩 1kg
버터 40g
훈제 판체타 100g, 길게 썬다
소금

끓는 소금물에 완두콩을 넣고 부드러워질 때까지 15~20분 삶아 건진다.

팬을 약불에 올려 버터를 넣고 녹인 뒤 판체타를 더해 노릇해질 때까지
지진다.

완두콩을 더해 가끔 뒤적이며 5분 볶는다. 따뜻한 접시에 옮겨 담는다.

발사믹 식초와
토마토 오븐 구이

POMODORI ALL'ACETO BALSAMICO IN FORNO

발사믹 식초와 타임의 조합으로 토마토에 단맛과 신맛을 불어 넣을 수 있다. 이제 발사믹 식초는 마트에서 쉽게 구입할 수 있는 재료이다. 레시피에 사용하는 재료가 몇 가지 안 되니 토마토가 잘 익어 밍밍하지 않은 제철에 만들어 먹자. 구운 토마토는 뜨겁게 먹어도 좋고 차갑게 먹어도 좋으며 브로일러나 그릴에 간단히 구운 생선 및 고기와 완벽하게 어울린다.

●

4인분
준비: 15분
조리: 1시간 15분

●

올리브기름 4큰술, 바를 것 별도
발사믹 식초 1작은술
토마토 8개, 반 가른다
타임 줄기 1대
소금과 후추

오븐을 180℃로 예열한다. 오븐 사용이 가능한 내열 접시나 팬에 올리브기름을 바른다.

올리브기름과 식초를 그릇에 담아 거품기로 섞고 소금과 후추로 간해 드레싱을 만든다.

토마토를 기름 바른 접시(또는 팬)에 담고 드레싱을 바른 뒤 타임 잎을 솔솔 뿌린다.

오븐에 넣어 15분 구운 뒤 온도를 110℃로 낮춰 1시간 이상 굽는다.

오븐에서 꺼내 접시에 옮겨 담는다. 뜨겁거나 차갑게 낸다.

디저트

DOLCI

이탈리아의 전통 메뉴에서는 언제나 식사 끝에 단맛의 음식을 볼 수 있다. 특히 일요일 점심, 기념일, 축일 등에는 자신들만의 특별한 디저트를 낸다. 일상에서는 식사가 가볍다면 진한 디저트를, 식사가 진하다면 아이스크림이나 셔벗(소르베)처럼 가벼운 디저트를 낸다. 케이크와 비스킷은 아침 식사로도 인기가 많지만 특히 아이들이 좋아하는 오후의 간식 시간인 메렌다(merenda)에도 많이 낸다.

디저트, 즉 돌치(이탈리아어로 '달콤함'에서 나온 말)는 식사의 완벽한 마무리로 그 종류도 다양하다. 이 책에서는 에스프레소에 올리면 아포가토가 되는 바닐라 아이스크림(60쪽 참조), 가정식의 느낌을 풍기는 젤리(잼) 파이(328쪽 참조)부터 기억에 남을 주파 잉글레제(340쪽 참조)나 세계로 뻗어 나간 티라미수(344쪽 참조) 등의 레시피를 소개한다.

이탈리아의 디저트 대부분은 이미 세계로 퍼져 나갔다. 사과 케이크(326쪽 참조), 아마레티(314쪽 참조)부터 모든 종류의 아이스크림이 좋은 예이다. 지역의 싱싱한 과일로 만드는 숲의 과일 아이스크림(348쪽 참조), 레몬(59쪽 참조)이나 즙이 많은 복숭아 같은 과일로 만드는 셔벗(소르베, 354쪽 참조) 등을 참고하자.

이탈리아 전역에서 인기를 누리는 것 외에도 특정 지역에서만 인기를 누리거나 찾아볼 수 있는 디저트도 많다. 카놀리(316쪽 참조)나 카사타(342쪽 참조)는 시칠리아의 레스토랑에서는 먹을 수 있지만 다른 지역에서는 그렇지 않다. 자발리오네(292쪽 참조) 또한 이탈리아 전역에서 먹을 수 있지만 베네치아의 음식이라 여긴다. 베네치아에서는 물기가 많은 자발리오네에 마르살라 와인을 섞어 쌀쌀한 겨울날 몸을 따뜻하게 해 주는 음료로 마신다.

이처럼 특정 지역이나 도시에서만 찾아 먹을 수 있는 것 외에도 1년 가운데 일부 시기에만 등장하는 디저트도 있다. 말린 과일이나 설탕 입힌 과일 껍질이 콕콕 박힌, 가벼운 빵 같은 케이크 파네토네는 크리스마스에 먹는 게 전통이다. 그리고 평범하지만 맛있는 부활절의 케이크 콜롬바(모양에서 유래한 '비둘기'라는 뜻)도 있다. 둘 다 마스카르포네 크림(294쪽 참조)을 곁들여 낸다.

디저트를 고를 때에는 다른 요리는 물론 계절과 맛의 균형을 맞춘다. 마지막으로 디저트 전에 치즈 코스도 낼 수 있음을 잊지 말자.

판나 코타

PANNA COTTA

'익힌 크림'이라는 의미의 판나 코타는 최근 세계적으로 인기를 누리고 있다. 손님에게 감동을 줄 수 있는 디저트이면서도 의외로 아주 쉽게 만들 수 있는 바닐라 판나 코타 레시피를 소개한다. 이대로도 맛있지만 딸기 등 다양한 베리류, 갓 짜낸 오렌지즙, 더 나아가 사프란이나 커피, 초콜릿을 더하면 여러 다른 맛을 낼 수 있다. 추가 재료를 더할 때에는 '익지' 않도록 크림을 데워 넣는다.

●

6인분
준비: 35분, 굳히기 4시간 별도
조리: 20분

●

판 젤라틴 2장 또는 가루 젤라틴 2작은술
우유 100ml
생크림 475ml
백설탕 100g
바닐라 깍지 1개, 세로로 반 가른다
헤이즐넛 소스(56쪽 참조), 곁들일 것(선택 사항)

판나 코타를 판 젤라틴으로 굳힌다면 작은 그릇에 물과 함께 담아 3~5분 불린 뒤 물기를 짜내고 데운 우유에 넣는다.

가루 젤라틴으로 굳힌다면 팬에 우유를 붓고 젤라틴 가루를 뿌린 뒤 5분 기다린다. 팬을 불에 올려 보글보글 끓기 직전까지 끓인 뒤 불에서 내린다. 이때 우유가 끓지 않도록 주의한다.

다른 팬에 생크림을 붓고 설탕과 바닐라 깍지를 더해 약불에서 계속 저으며 끓인다. 끓기 시작하면 불에서 내려 바닐라 깍지를 건져 버리고 생크림은 우유에 붓는다.

가로 20cm 세로 10cm의 틀에 우유와 생크림을 붓는다. 냉장고에 넣어 4시간 이상 굳힌다. 틀에 접시를 올리고 뒤집어 꺼낸 뒤 그대로 내거나 헤이즐넛 소스를 곁들여 낸다.

자발리오네

ZABAIONE

자발리오네의 이름은 1559년 생캉탕의 전투 이후 토리노로 건너온 스페인 성인 파스칼레 베이용에서 따왔다. 참전 군인이었던 파스칼레는 수도원에 들어가 크림과 달걀, 설탕으로 단맛을 내는 음식을 만들던 중 사이프러스산 단 와인을 더하여 자발리오네의 레시피가 완성됐다. 자발리오네는 커스터드, 마스카르포네 크림, 샹티 크림과 더불어 이탈리아 페이스트리의 소로 많이 쓰인다. 하지만 많은 이탈리아인은 케이크나 삶은 배 같은 과일, 쿠키(비스킷)에 곁들여 내거나 단독으로 먹는 디저트인 자발리오네의 전통을 소중히 간직한다. 마르살라 와인이 없다면 다른 단맛 강한 와인이나 럼, 브랜디도 쓸 수 있다.

4인분
준비: 20분
조리: 15분

달걀노른자 4개분
백설탕 50g
마르살라 와인(또는 단맛 강한 와인, 럼, 브랜디) 120ml

달걀노른자를 내열 그릇에 설탕과 함께 담아 색이 연해지고 부풀어 오를 때까지 거품기로 휘저어 올린 뒤 마르살라 와인을 조금씩 더해 잘 섞는다.

그릇을 끓을락말락하는 물이 담긴 팬 위에 올려 부풀어 오를 때까지 계속 젓는다.

팬을 불에서 내려 자발리오네를 유리잔에 담아 뜨겁게 혹은 차게 낸다.

커피나 헤이즐넛 아이스크림 위에 소스로 끼얹어 낼 수도 있다.

마스카르포네 크림

마스카르포네 크림은 크리스마스에 많이 먹지만 티라미수(344쪽 참조)와 같은 다른 디저트에도 쓰인다. 레이디핑거(사보야르디)나 랑그 드 샤(고양이 혀) 같은 쿠키(비스킷)와 먹으면 더 맛있고, 크리스마스에는 파네토네에 곁들인다. 크림이 가볍고 폭신해지려면 달걀노른자를 단단한 뿔이 올라올 때까지 거품기로 휘저어 공기를 넣은 뒤, 공기가 빠져 꺼지지 않도록 숟가락으로 살포시 마스카르포네에 옮겨 섞는다. 아이들이 먹을 때에는 알코올을 빼고 만든다.

4인분
준비: 40분, 냉장 보관 별도

달걀 3개, 흰자와 노른자를 분리한다
백설탕 3큰술
마스카르포네 치즈 300g
럼 3큰술
레이디핑거(사보야르디) 또는 랑그 드 샤 또는
비스코티 브루티 마 부오니(304쪽 참조), 곁들일 과자(선택 사항)

그릇에 달걀노른자와 설탕을 함께 담아 색이 연해지고
부풀어 오를 때까지 거품기로 휘저어 올린다.

기름기 없는 그릇에 달걀흰자를 담아 거품기로 휘저어 올려
뿔이 단단한 머랭을 만든 뒤 달걀노른자에 포개어 섞고,
이를 조금씩 마스카르포네에 포개어 섞는다.

럼을 섞고 개인 그릇에 담아 먹을 때까지 냉장고에 넣어 차게 둔다.
과자와 함께 낸다.

크림 채운
오렌지 컵

CESTINI DI ARANCE
CON CREMA

과일이 그릇이 되는 디저트로 멋진 식탁 분위기를 연출할 수 있다.
오렌지의 과육을 발라낼 때는 쓴맛이 나는 흰 속껍질까지 긁어내지 않도록
주의한다. 크림을 채웠을 때 샐 수 있으므로 과육을 너무 발라내지 않는다.
무알코올 디저트를 만든다면 오렌지 리큐어는 빼도 되고, 아니면 다른
단맛의 리큐어로 대체할 수도 있다.

●

4인분
준비: 1시간, 식히기 20분 및 굳히기 3시간 별도
조리: 25분

●

오렌지 4개
우유 150~250ml
달걀노른자 3개분
백설탕 130g
중력분 40g
오렌지 리큐어 2큰술

오렌지의 윗면을 잘라 내고 티스푼으로 과육을 파내 즙과 함께
그릇에 담는다. 컵 모양이 된 오렌지 껍질은 그대로 둔다. 체를 계량컵에
올린 뒤 과육과 즙을 체에 담아 숟가락 등으로 눌러 즙을 최대한
많이 짜내 담는다. 계량컵에 우유를 더해 총량 500ml를 맞춘다.

그릇에 달걀노른자와 설탕을 함께 담아 색이 연해지고 부풀어 오를 때까지
거품기로 휘저어 올린다. 그릇 위에 밀가루를 체로 내려 포개듯 섞어 준다.
오렌지즙을 서서히 더해 섞고 팬에 부은 뒤 불에 올린다. 숟가락 등에
흘러내리지 않는 막을 입힐 때까지 나무 숟가락으로 계속 저으며
약불에서 20~25분 익힌다.

팬을 불에서 내려 식힌다. 리큐어를 더해 섞고 오렌지 컵에 나눠 담는다.
랩으로 전체를 덮은 뒤 굳을 때까지 냉장고에 넣어 3시간가량 둔다.

숲의 과일 바바루아

BAVARESE AI FRUTTI DI BOSCO

바바루아 또는 바바리안 크림은 제철 과일을 올려 완성하는 간단한 디저트로, 커스터드의 질감이 매력적이다. 여름 디저트의 신선함을 가득 담아 만들어 보자. 다양한 베리를 써서 만들어도 좋은데, 야생 딸기를 찾을 수 없다면 보통(일반) 딸기로 대체해도 된다. 커스터드가 멍울지지 않도록 약불에서 계속 저어 주는 등 주의를 기울인다.

●

8인분
준비: 45분, 굳히기 6~8시간

●

야생 딸기 150g
블랙베리 500g
화이트 와인 4큰술
딸기 650g
거른 레몬즙 2큰술
판 젤라틴 2장
달걀노른자 4개분
백설탕 150g
우유 250ml
생크림 500ml

장식:
다양한 냉동 베리(라즈베리, 딸기, 블랙베리)
레몬밤 줄기 1대
휘핑크림(선택 사항)

딸기와 블랙베리를 화이트 와인으로 헹군 뒤 키친타월에 올려 물기를 걷어 낸다. 딸기는 블렌더에 넣고 갈아 퓌레로 만든 뒤 큰 접시에 담는다. 이어 블랙베리를 블렌더에 넣고 갈아 퓌레로 만든 뒤 체에 내려 딸기 퓌레에 더한다. 레몬즙을 섞는다.

그릇에 따뜻한 물을 담아 판 젤라틴을 넣고 불린다. 또 다른 그릇에 달걀노른자와 설탕을 넣은 뒤 색이 연해지고 부풀어 오를 때까지 거품기로 휘저은 다음 우유를 조금씩 넣으며 섞는다. 달걀노른자와 우유를 팬에 담고 불에 올린 뒤 숟가락의 등에 흘러내리지 않는 막을 입힐 때까지 중불에서 계속 저으며 익힌다. 이때 커스터드가 끓어오르면 안 된다. 커스터드를 불에서 내려 내열 그릇에 담고, 표면에 막이 생기지 않도록 가끔 섞어 주며 식힌다.

퓌레를 내열 그릇에 담긴 커스터드 위에 뿌린다. 따뜻한 물이 담긴 팬에 내열 그릇을 넣고 불에 올려 서서히 온도를 올린다. 젤라틴을 건져 물기를 짜내고 내열 그릇에 넣은 뒤 완전히 녹을 때까지 섞는다. 불에서 내려 식힌다.

다른 그릇에 생크림을 담아 뾰족한 뿔이 올라올 때까지 거품기로 휘저어 준다.(전기 믹서를 쓸 수도 있다.) 커스터드가 식으면 생크림을 살포시 포개 섞는다. 개인 유리잔이나 틀에 담아 냉장고에 넣고 굳을 때까지 6시간 이상 둔다.

과일, 레몬밤 잎, 휘핑크림 등 원하는 재료를 올려 장식해 낸다.

마르게리타
스펀지 케이크

TORTA
MARGHERITA

마르게리타 스펀지 케이크는 집에서 굽는 이탈리아 케이크 가운데서도 역사가 길다. 아침 식사로는 물론 아이들이 좋아하는 오후 간식 시간인 메렌다에도 먹는다. 베이킹파우더가 든 밀가루로 케이크를 구울 수 있지만, 감자 가루 50g으로 대체하면 더욱 훌륭하게 만들 수 있다. 이탈리아 전역에서 살 수 있는 감자 가루(페콜라 디 파타테)를 쓰면 케이크의 질감이 아주 가벼워진다. 단순하면서도 섬세한 레몬 맛을 풍기는 마르게리타 스펀지 케이크만으로도 맛있지만 커스터드, 자발리오네, 마스카르포네, 젤리(잼) 등을 곁들이면 한층 풍성해진다.

8~10인분
준비: 20분
조리: 30분

녹인 무염 버터 100g, 바를 것 별도
달걀 6개, 흰자와 노른자를 분리한다
백설탕 200g
베이킹파우더가 든 밀가루 200g
왁스를 입히지 않은 레몬 겉껍질 1개분, 간다
소금
가루 설탕, 뿌릴 것

오븐을 180℃로 예열한다. 지름 25cm의 케이크팬에 버터를 바르고 바닥에 유산지를 간 뒤 약간의 밀가루를 가볍게 두른다.

달걀노른자를 그릇에 담고 백설탕을 1큰술만 남기고 더한 뒤 가볍고 폭신해질 때까지 거품기로 휘저어 올린다. 녹인 버터를 살포시 포개듯 더해 섞는다.

달걀흰자를 기름기 없는 그릇에 담아 뿔이 올라올 때까지 거품기로 휘저어 준다. 남은 백설탕을 더해 섞는다.

밀가루에 소금 1자밤을 더해 왁스 페이퍼 위에 체로 내린다. 밀가루와 달걀흰자를 달걀노른자에 번갈아가며 포개어 섞는다. 레몬 겉껍질을 섞는다. 이때 반죽에 멍울이 지더라도 걱정하지 않는다.

반죽을 케이크팬에 붓고 표면을 고른다. 오븐에 넣고 부풀어 오르며 윗면이 노릇해질 때까지 35분가량 구운 뒤 이쑤시개를 찔렀다 빼 깨끗한지 확인한다.

틀에서 꺼내 식힌 뒤 가루 설탕을 솔솔 뿌려 낸다.

마블링 케이크

CIAMBELLA MARMORIZZATA

진한 커피와 함께 아침 식사로 좋은 메뉴이다. 다른 색의 반죽을
소용돌이무늬로 섞어 구워, 단면에 극적인 효과를 줄 수 있다.
조각마다 다른 무늬가 마치 대리석(마블) 같아 보인다.
가루 설탕을 뿌리면 단맛을 더욱 돋울 수 있다.

☖

8인분
준비: 40분
조리: 35~40분, 식히기 15분 별도

녹인 무염 버터 80g, 바를 것 별도
백설탕 150g, 두를 것 별도
중력분 185g, 두를 것 별도
베이킹파우더 2작은술
베이킹소다 ½작은술
달걀 2개
우유 250ml
무가당 코코아 가루 25g
가루 설탕, 뿌릴 것(선택 사항)

오븐을 180℃로 예열한다.

1.5L들이 고리형 케이크 틀에 버터를 바르고
백설탕과 밀가루 순으로 두른다.

밀가루, 베이킹파우더, 베이킹소다, 백설탕을 섞은 뒤
체로 내려 그릇에 담는다.

다른 그릇에 달걀, 버터, 우유를 담아 섞는다. 밀가루를 더하고
매끈한 반죽이 될 때까지 포개듯 섞는다. 또 다른 그릇에
반죽의 ⅓을 옮겨 담고 코코아 가루를 체로 내려 섞어
초콜릿 반죽을 만든다.

케이크 틀에 기본 반죽 2큰술과 초콜릿 반죽 1큰술의 비율로
번갈아 가며 담는다. 칼로 반죽에 대리석 문양이 나오도록 섞는다.
오븐에 넣어 35~40분가량 구운 뒤 이쑤시개를 찔렀다 빼
깨끗한지 확인한다.

오븐에서 꺼내 15분 두었다가 틀에서 꺼낸다.
가루 설탕이 있다면 솔솔 뿌려 낸다.

못생겨도 맛은 좋은 쿠키

못생겨도 맛은 좋은 쿠키(브루티 마 부오니)는 피에몬테의 보르고마네로라는
마을에서 생겨나 이탈리아 북부 전역에 퍼져 나가며 다양하게 변주되었다.
바삭하고 울퉁불퉁한 모양과 갈라진 생김새 때문에 이런 이름이
지어졌는데, 못생겼지만 맛있는 건 확실하다. 쿠키에는 달걀흰자만 쓰므로
노른자만 쓰는 자발리오네(292쪽 참조) 같은 다른 디저트를 함께 만든다.
아몬드나 호두는 취향 따라 헤이즐넛으로 대체할 수 있다. 쿠키는
밀폐 용기에 담아 보관하면 4~5일은 눅눅해지지 않는다.

•

20개분
준비: 1시간, 식히기 별도
조리: 40분

•

달걀흰자 6개분
곱게 다진 구운 헤이즐넛 400g
백설탕 330g
바닐라 추출액 몇 방울
무염 버터, 바를 것
중력분, 두를 것

기름기 없는 그릇에 달걀흰자를 담아 거품기로 휘저어 준 뒤
헤이즐넛, 설탕, 바닐라를 서서히 포개듯 섞는다. 반죽을 눌어붙지 않는
팬에 담아 불에 올린다. 나무 숟가락으로 계속 저으며 약불에서
30분가량 굽는다.

오븐을 180℃로 예열한다. 쿠키팬에 버터를 바르고 밀가루를
가볍게 두른다.

팬을 불에서 내리고 반죽을 1큰술씩 떠 쿠키팬에 적절한 간격을 두고
올린다. 오븐에서 40분가량 굽는다. 팬을 오븐에서 꺼내 그대로 식힌 뒤
스패출러나 팔레트 나이프로 쿠키를 옮긴다.

칸투치

CANTUCCI

⏺ ⬛

프라토가 고향인 칸투치는 토스카나에서 가장 유명한 전통 과자이다.
오븐에 반죽을 한 덩어리로 초벌구이한 뒤 대각선으로 썰어 특유의 모양을
지닌다. 아주 바삭하게 먹고 싶다면 썬 다음 오븐에 넣어 몇 분 더 굽는다.
토스카나에서는 칸투치를 식사의 끝에 빈산토 등 단맛을 지닌 와인과 함께
내어 찍어 먹는다. 레시피에는 사프란을 권했지만 없다면 곱게 간
오렌지 껍질로 대체해도 좋다.

●

4인분
준비: 30분
조리: 30분

●

버터, 바를 것
베이킹파우더가 든 밀가루 550g, 두를 것 별도
베이킹파우더 1작은술
백설탕 500g
달걀 3개
달걀노른자 2개분
사프란 1자밤, 잘게 부순다
아몬드 250g, 겉껍질 벗긴다
소금

오븐을 160℃로 예열한다. 쿠키팬 2개를 준비해 버터를 바르고
밀가루를 가볍게 두른다.

밀가루에 베이킹파우더와 소금 1자밤을 더해 작업대에 체로 내리고
설탕을 섞은 뒤 가운데에 우물을 판다. 달걀 2개를 우물에 깨어 넣고
달걀노른자와 사프란을 더한다. 손가락으로 밀가루와 재료를
서서히 섞는다. 마지막으로 아몬드를 더해 잘 섞는다.

밀가루를 묻힌 손으로 반죽을 조금씩 떼어 너비 2~3cm에
두께 1cm로 길고 넙적하게 모양을 빚은 뒤 쿠키팬에 올린다.

남은 달걀 1개를 작은 그릇에 풀어 반죽의 윗면에 바른다.
오븐에 넣어 30분 구운 뒤 꺼내 조금 식혔다가 폭 3~4cm로
대각선 방향으로 썬다. 완전히 식으면 밀폐용기에 담아 보관한다.

카네스트렐리

CANESTRELLI

카네스트렐리는 리구리아와 피에몬테 지방에서 비롯됐지만 요즘은 이탈리아 전역의 빵집과 페이스트리 가게에서 살 수 있다. 아주 쉽게 만들 수 있고 맛도 좋으니 이번 기회에 레시피를 익혀 두자. 버터의 풍부함과 부슬부슬함이 어우러져 입에서 살살 녹는다. 아침 식사로도 좋고 차나 커피를 곁들여 간식으로 먹어도 맛있다. 원래 데이지꽃 모양이지만 전용 쿠키 틀을 살 수 없다면 원통으로 모양을 잡은 뒤 썰어 가운데에 구멍을 내고 구워도 좋다. 좀 더 푸짐하게 먹고 싶다면 쿠키를 구운 뒤 가루 설탕을 두툼하게 묻혀 낸다. 갓 구운 뒤에도 맛있지만 밀폐용기에 넣어 보관하면 며칠은 두고 먹을 수 있다.

●

24개

준비: 45분, 굳히기 30분 별도

조리: 8~10분

●

중력분 300g, 두를 것 별도

버터 150g

백설탕 90g

달걀 1개

달걀 1개, 흰자 노른자 분리한다

가루 설탕, 뿌릴 것

쿠키팬에 유산지를 두른다.

밀가루, 버터, 백설탕을 그릇에 담고 버터의 입자가 콩알만 해질 때까지 손끝으로 비벼 문지른다. 달걀과 달걀노른자를 더하고 손으로 재빨리 반죽해 부드러운 반죽을 만든다.

밀가루를 가볍게 두른 작업대에 반죽을 지름 1cm의 원통으로 민다. 날이 깔쭉깔쭉한 쿠키 반죽 자르개를 사용해 데이지꽃 모양으로 자른 뒤 가운데에 구멍을 뚫어 쿠키팬에 올리고 냉장고에 30분 이상 둔다.

오븐을 190℃로 예열한다.

달걀흰자를 그릇에 풀어 쿠키 반죽 표면에 바르고 오븐에 넣어 노릇해질 때까지 8~10분 굽는다. 오븐에서 꺼내 식힌 뒤 가루 설탕을 넉넉히 뿌린다.

여인의 키스

BACI DI DAMA

여인의 키스(바치 디 다마)는 피에몬테 지방의 별미이다. 부슬부슬한 아몬드 쿠키를 구운 뒤 밀크 초콜릿(물론 세미스위트나 다크 초콜릿을 써도 좋다.)을 발라 겹친다. 여인의 키스는 19세기에 왕가를 위해 처음 만들었다는 이야기가 있다. 맛을 돋우기 위해 아몬드는 오븐에 넣어 노릇해질 때까지 살짝 구워 식힌 뒤 설탕과 섞는다. 반죽을 동그랗게 빚은 뒤 오븐에서 쿠키가 너무 퍼지지 않도록 냉장고에 2시간 두었다가 굽는다.

●

25~30개
준비: 30분, 굳히기 2시간 별도
조리: 18~20분

●

상온에서 녹인 버터 100g, 바를 것 별도
아몬드 70g
백설탕 2½큰술
중력분 100g
감자 가루 80g
가루 설탕 70g
달걀 1개
초콜릿 헤이즐넛 스프레드(잔두야), 바를 것

오븐을 160℃로 예열한다. 쿠키팬 2~3개에 버터를 바른다.

아몬드와 백설탕을 푸드 프로세서에 넣고 간다. 그릇에 간 아몬드와 백설탕을 넣고 버터, 밀가루, 감자 가루, 가루 설탕, 달걀을 더해 매끈한 반죽이 될 때까지 섞는다.

반죽을 호두 크기로 둥글게 빚어 50~60개 정도로 만든 뒤 살짝 누른다. 냉장고에 넣어 2시간 두었다가 쿠키팬에 올린 뒤 오븐에 넣고 18~20분 굽는다.

다 구워진 쿠키를 오븐에서 꺼내 식힌 뒤 가운데에 초콜릿 헤이즐넛 스프레드를 발라 2개를 합친다.

레몬 벤타리에티

VENTAGLIETTI
AL LIMONE

벤타리에티는 '작은 부채'라는 의미로, 프랑스 전통 페이스트리인 팔미에르의 이탈리아 버전이다. 워낙 오랫동안 인기를 누려 빵집이나 페이스트리 가게 어디에서든 살 수 있다. 레몬 겉껍질을 써야 톡 쏘는 맛이 나지만 없다면 오렌지 겉껍질 또는 계피 가루 1작은술로 대체한다. 사뭇 다르지만 나름 맛있는 벤타리에티를 구울 수 있다.

●
15~20개
준비: 15분
조리: 20분
●

기성품 퍼프페이스트리 반죽 400g, 냉동 제품이라면 해동한다
밀가루, 두를 것
가루 설탕, 바를 것
표면에 왁스를 입히지 않은 레몬 2개

오븐을 180℃로 예열하고 쿠키팬에 유산지를 두른다. 페이스트리 반죽을 밀가루를 가볍게 두른 작업대에서 각 변의 길이 23cm 두께 3mm의 사각형으로 민 뒤 전체에 살짝 적실 정도로만 물을 바른다.

반죽 표면 전체에 가루 설탕을 바르고 레몬의 겉껍질을 강판으로 갈아 고루 흩뿌린다. 반죽의 양쪽 끝을 돌돌 말아 절반인 지점에서 만날 수 있도록 한다. 반죽의 가운데를 기준으로 2개의 원통이 닿아 있는 모양이 된다. 맞닿는 단면이 나오도록 반죽을 1cm 두께로 썬다.

쿠키팬에 반죽을 올린 뒤 원통이 대칭을 이루는 지점을 살짝 눌러 준다. 쿠키팬을 오븐에 넣고 굽는다. 구워지면서 반죽 가운데부터 솟아오를 것이다. 10분 구운 뒤 뒤집어 노릇해질 때까지 10분 더 굽는다. 오븐에서 꺼내 식힌 뒤 케이크 접시에 올려 낸다.

아마레티

AMARETTI

아몬드로 만드는 과자로 이탈리아 북부, 특히 피에몬테 지역에서 유명한 디저트이다. 아몬드에서 느껴지는 특유의 '살짝 쓴맛'에서 이름을 따왔다. 달걀흰자를 사용하므로 다른 요리에서 노른자를 쓰고 남은 흰자를 써 버리고 싶다면 아마레티를 만들어 보자. 아마레티는 단독으로 먹어도 맛있지만 속을 채워 구운 복숭아(346쪽 참조)와 같은 다른 요리에 곁들여도 좋다. 세미스위트(다크) 초콜릿을 중탕으로 녹인 뒤 아마레티의 평평한 바닥면에 숟가락으로 바르고 2개를 맞대어 겹치면 정말 맛있는 샌드위치 쿠키가 된다.

🌿 🍶 🧂 🍪

●

60개
준비: 50분
조리: 15분

●

다진 아몬드 150g
백설탕 110g
달걀흰자 4개분
체에 거른 가루 설탕 240g, 뿌릴 것 별도
바닐라 추출액 ½작은술

쿠키팬에 유산지를 두른다.

블렌더에 아몬드를 넣고 1분 미만으로 간 뒤 백설탕을 더하고 2분 더 간다. 균일하고 고운 가루가 될 때까지 갈아 대접에 옮겨 담는다.

기름기 없는 그릇에 달걀흰자를 담아 거품기로 휘저어 준다. 가루 설탕을 조금씩 뿌려 더하며 단단하고 반짝이는 뿔이 올라올 때까지 거품기로 계속 휘저어 올린다. 바닐라를 더하고 살포시 섞은 뒤 설탕과 간 아몬드를 조금씩 더해 포개어 섞는다.

반죽을 페이스트리 짤주머니에 담고 지름 1cm짜리 깍지를 끼운다. 쿠키팬에 두른 유산지 위에 높이 2.5cm의 반구를 2.5cm 간격으로 짜 올린다. 가루 설탕을 솔솔 뿌려 10~15분 둔다.

오븐을 180℃로 예열한다.

쿠키팬을 오븐에 넣어 반죽이 부풀어 오르고 살짝 노릇해질 때까지 15분가량 굽는다. 오븐에서 꺼내 완전히 식힌 뒤 먹거나 밀폐용기에 담아 보관한다.

카놀리

CANNOLI

시칠리아의 전통 디저트인 카놀리의 역사는 아랍의 점령 시절까지 거슬러
올라간다. 카놀리라는 이름도 '강을 건널 때 쓰는 지팡이'라는 의미의
'카나'에서 따왔다. 요즘이야 금속관을 쓰지만 당시에는 지팡이에 반죽을
굴려 모양을 잡았기 때문이다. 시칠리아에서는 마을마다 다른 카놀리를
먹을 수 있다. 대체로 양의 젖으로 만든 리코타 로마나를 채우지만 소의
젖으로 만든 리코타 치즈를 채우는 경우도 있고, 껍데기 반죽도 코코아나
커피로 맛을 내기도 한다. 안에 넣는 소에는 달콤한 과일이라면 무엇이든
써도 좋다. 다만 과일의 맛만큼이나 색깔이 카놀리에 생생함을 준다는
점을 염두에 두고 고르자. 만약 리코타 치즈가 꺼끌거린다면 체에 내리거나
블렌더로 간다. 리코타 로마나가 없다면 최고 품질의 리코타 치즈를 쓴다.
말바시아 와인은 단맛이 두드러지는 다른 와인으로 대체할 수 있다.

●

20~22개
준비: 1시간, 12시간 냉장 보관 및 30분 휴지 별도
조리: 25~30분

●

중력분 150g, 두를 것 별도
라드 1큰술
화이트 와인 식초 2작은술
말바시아 와인 3~4큰술
달걀흰자 1개분, 바를 것 별도
백설탕 1작은술
식용유, 튀김용
소금

소:
리코타 로마나 1kg
가루 설탕 400g
설탕 입힌 단호박 50g, 깍둑썬다
초콜릿 80g, 다진다
화이트 럼 2~3큰술

장식:
바닐라향 가루 설탕
피스타치오 4~5개, 썬다

반죽의 모양을 잡는 데 카놀리 철관 20개가 필요하다.
조리 도구 전문점에서 구할 수 있다.

먼저 소를 만든다. 리코타 로마나를 체로 내려 그릇에 담고 가루 설탕을
더해 나무 숟가락으로 잘 섞는다. 단호박과 초콜릿, 럼을 더해 잘 섞는다.
랩을 씌워 12시간 냉장 보관한다.

반죽을 만든다. 밀가루에 소금 1자밤을 더해 체로 내려 그릇에 담는다.
라드, 식초, 와인, 달걀흰자와 설탕을 더해 단단한 반죽을 만들어
둥글게 빚은 뒤 랩을 씌워 30분 둔다.

반죽을 2~3등분해 밀가루를 두른 작업대에서 얇게 민다. 정사각형으로
자르거나 주름진 원형 페이스트리 자르개로 둥글게 뭉쳐 20~22개의
반죽을 만든다. 반죽이 사각형일 경우 대각선으로, 둥글 경우 양 끝이
맞닿게 카놀리 철관에 말아 준 뒤 이음매에 달걀흰자를 약간 발라 여민다.

프라이팬에 식용유를 4분의 3 정도 채우고 불에 올려 달군다.
이음매가 아래로 가도록 카놀리 반죽을 몇 점씩 기름에 담가 노릇해질
때까지, 단 한 번만 뒤집어 몇 분 튀긴다. 튀긴 반죽을 구멍 뚫린 국자로
건진 뒤 키친타월에 올려 기름기를 걷어 내고 식힌다. 철관을 빼고
내기 직전 소를 채운다.

취향에 따라 가루 설탕을 솔솔 뿌린 뒤 카놀리의 양 끝에
썬 피스타치오를 올려 낸다.

프랄린

CROCCANTINI

여기서는 아몬드를 쓰는 전통 레시피를 소개하지만 어떤 견과류를 써도
좋고 설탕을 꿀로 대체할 수도 있다. 레몬즙을 더하면 설탕이 잘 녹으며
아름다운 호박색을 띠지만 온도가 높아지므로 주의한다. 대리석판이나
도마 위에 녹인 설탕을 부어야 섞기도 쉽고 프랄린이 빨리 식는다.

●

6인분
준비: 30분, 식히기 별도
조리: 15분

●

올리브기름, 바를 것
백설탕 130g
겉껍질 벗겨 다진 아몬드 150g
무염 버터 15g
레몬즙 ½작은술
생월계수 잎, 접시 바닥에 깔 것

대리석판이나 제과제빵팬에 올리브기름을 바른다.

설탕과 물 1½작은술을 두툼한 팬에 담아 중간-약불에 올린다.
아몬드와 버터, 레몬즙을 차례로 섞는다. 온도를 낮추고 녹인 설탕이
노릇해질 때까지 끓인다.

팬을 불에서 내려 녹인 설탕을 제과제빵팬에 부은 뒤 1cm 두께로 편다.
큰 칼을 이용해 다이아몬드 모양으로 썰어 금을 낸 뒤 그대로 두어 굳힌다.
완전히 굳으면 쪼개고 월계수 잎에 1개씩 올려 낸다.

머랭 쿠키

MERINGHE

머랭은 페이스트리의 고전적인 요소 가운데 하나일 뿐만 아니라 많은
요리의 기본 역할을 맡지만, 휘저어 올린 생크림과 함께 단독으로 먹어도
맛있다. 달걀흰자를 반짝이면서도 뿔이 아주 단단하게 서도록 휘저어
올린 뒤 수증기가 빠져 나갈 수 있게 오븐을 살짝 열어 놓고 굽는다.
숟가락을 오븐 몸채와 문 사이에 끼워 틈을 낼 수도 있다.

●
20개
준비: 30분, 밤새 식히기 별도
조리: 40분
●

무염 버터, 바를 것
중력분, 두를 것
달걀흰자 5개분
가루 설탕 200g, 거른다

오븐을 150℃로 예열한다. 제과제빵팬에 유산지를 두르고
버터를 바른 뒤 밀가루를 가볍게 두른다.

기름기가 없는 그릇에 달걀흰자를 담아 뿔이 단단하게 설 때까지
거품기로 휘저어 올린 뒤 가루 설탕을 더해 살포시 섞는다.

머랭을 짤주머니에 담아 준비한 제과제빵팬 위에 지름 1cm의
반구 모양으로 짠다.

오븐 온도를 가능한 한 낮게 한 뒤 머랭을 넣어 흰색을 잃지 않도록
30~40분 굽는다. 오븐을 끈 채로 밤새 두어 식힌 뒤 먹는다.

초콜릿 살라미

SALAME
DI CIOCCOLATO

살라미는 가장 간단한 레시피 중 하나지만, 말린 과일이나 다진 견과류를 더하면 다양한 맛과 질감으로 색다른 풍미를 낼 수 있다. 버터와 설탕을 섞기가 어렵다면 일단 버터를 다른 팬에 녹여 식힌 다음 설탕을 더한다. 다른 모든 요리처럼 가장 싱싱한 유기농 달걀을 쓴다.

●

6~8인분
준비: 20분, 굳히기 6~8시간 별도
조리: 5분

●

세미스위트(다크) 초콜릿 200g
마른 비스킷(크래커) 300g
버터 120g
백설탕 80g
유기농 달걀 2개

초콜릿을 곱게 다져 내열 그릇에 담은 뒤 물이 끓을락말락하는 팬 위에 올려 가끔 저으며 녹인다. 비스킷은 손으로 부순다.

다른 그릇에 버터를 담은 뒤 스패출러로 저어 부드러워지면 설탕과 달걀을 더해 잘 섞는다. 초콜릿이 미지근해지면 버터를 더해 휘젓는다.

비스킷을 넣고 매끄러워질 때까지 계속 저은 뒤 유산지 위에 붓는다. 통나무나 살라미처럼 원통형으로 말아 모양을 만든 뒤 유산지를 한 겹 더 둘러 냉장고에 넣고 6~8시간 굳힌다. 내기 직전 썬다.

밤 케이크

CASTAGNACCIO

❀ ⚘ 🍲

토스카나의 밤 케이크(카스탸냐치오)는 언제나 밤이 풍성한 산악 지역의
전통 디저트이다. 밤 케이크는 버터도 달걀도 쓰지 않고 밤 가루, 설탕 약간,
우유, 잣의 간단한 재료만으로 맛있고도 푸짐하게 구울 수 있다. 준비도
쉽고 조리도 매우 간단하지만 좋은 재료를 써야 맛이 있다. 특히 본래의
단맛을 최대한 활용하기 위해 밤 가루는 반드시 신선한 걸 써야 한다.
밀가루는 쓰지 않으므로 밤 케이크는 무글루텐 디저트이다. 우유 대신
물을 쓰면 채식주의 디저트가 되고, 견과류나 건과류를 더하면 한층 더
풍성한 케이크가 된다.

•

8인분
준비: 25분, 식히기 별도
조리: 40분

•

식용유나 올리브기름 3큰술, 바르고 뿌릴 것 별도
밤 가루 400g
우유 250ml
백설탕 50g
잣 20g
로즈메리 잎 1줄기
소금

오븐을 180℃로 예열한다. 깊이 2cm의 케이크팬에 유산지를 두르고
기름을 바른다.

밤 가루를 체로 내려 그릇에 담고 우유와 물 350ml를 서서히 더하며
거품기로 섞어 줄줄 흐르지 않는 반죽을 만든다.

설탕, 소금 1자밤, 기름을 더해 섞고 케이크팬에 떠 담는다.
잣과 로즈메리를 솔솔 뿌리고 기름을 뿌린다.

오븐에 넣어 노릇해질 때까지 40분가량 굽고 이쑤시개를 찔러 넣어
부스러기 약간만 묻은 채로 깨끗하게 빠져 나오는지 확인한다.
식혀서 낸다.

사과 케이크

TORTA CON LE MELE

사과 케이크는 가장 사랑받는 가정식 케이크이다. 부드러움, 간단함, 고전미의 매력이 모두 담긴 레시피를 소개한다. 간단한 몇 가지 재료로 친구와 저녁 식사 후 나눠 먹을 수 있는 완벽한 디저트를 만들 수 있다. 취향에 따라 바닐라 아이스크림 한 스쿱이나 계피 가루를 솔솔 뿌린 휘핑크림을 곁들여 먹을 수도 있다. 레시피는 얼마든지 응용할 수 있어서 사과 대신 서양배를 넣고 구워도 좋다. 한편 반죽을 틀에 담고 표면에 부순 아몬드, 다진 헤이즐넛이나 피스타치오를 올려 바삭함을 더할 수도 있다.

●

6인분
준비: 35분, 식히기 별도
조리: 40분

●

상온에서 녹인 무염 버터 80g, 바를 것 별도
베이킹파우더가 든 밀가루 200g, 두를 것 별도
달걀 3개, 상온에 둔 것
백설탕 150g, 뿌릴 것 별도
사과 3개, 껍질 벗겨 씨를 발라내고 썬다
휘핑크림, 곁들일 것(선택 사항)

오븐을 180℃로 예열한다. 지름 20cm의 깊은 케이크팬에 버터를 바르고 밀가루를 가볍게 두른다.

믹서에 거품기를 달아 달걀과 설탕을 넣고 색이 연하고 폭신해지며 띠처럼 흘러내릴 정도로 걸쭉해질 때까지 휘저어 섞는다. 10~12분이 걸릴 것이다.

믹서를 계속 돌리며 버터를 1덩이씩 더해 최대한 빨리 섞는다. 이때 멍울이 지더라도 당황하지 않는다. 이어 밀가루를 둘로 나눠 사과와 번갈아가며 더한 뒤 살포시 섞는다.

반죽을 케이크팬에 붓고 오븐에 넣어 40분 굽는다. 다 구워진 케이크를 꺼내 5분 두었다가 팬에서 꺼낸 뒤 설탕을 솔솔 뿌리고 뜨거울 때 낸다. 취향에 따라 휘핑크림을 곁들인다.

젤리(잼) 파이

CROSTATA ALLA MARMELLATA

이탈리아의 고전 케이크인 크로스타타는 아침 또는 오후의 전통인 다과 시간 메렌다에 차나 케이크와 함께 먹는다. 몇 단계만 거치면 만들 수 있을 정도로 간단하면서도 이탈리아의 참맛을 느낄 수 있다. 일단 바닥은 미리 만들어 냉장 혹은 냉동 보관할 수 있는 맛있는 파이 크러스트(숏크러스트 페이스트리)로 준비한다. 팬의 바닥과 벽에 페이스트리를 두르고 취향에 따라 어떤 잼이나 마멀레이드로도 채워 구울 수 있다. 곱게 갈아 낸 레몬 겉껍질이나 바닐라 추출액, 중동의 향을 내는 카다몬이나 통카빈을 더할 수도 있다.

⬥

6인분
준비: 20분, 식히기 30분 별도
조리: 30분

⬥

버터, 바를 것
파이 반죽(숏크러스트 페이스트리, 52쪽 참조) 레시피 1개 분량
중력분, 두를 것
레몬즙 ½개분, 거른다
딸기잼 350g
우유, 바를 것
가루 설탕, 뿌릴 것

가장자리가 주름진 지름 20cm의 타르트팬(바닥판이 분리되는 것)에 버터를 바른다.

파이 반죽의 ⅓을 떼어 두고 나머지는 밀가루를 가볍게 두른 작업대 위에서 5mm 두께로 밀어 타르트팬에 올린다. 반죽에 틈이 생기지 않도록 바닥면과 벽에 대고 잘 눌러 준 뒤 외곽에 남는 반죽은 날카로운 칼로 잘라 낸다. 바닥을 포크로 찌르고 냉장고에 넣어 30분 둔다.

오븐을 180℃로 예열한다.

떼어 둔 반죽과 팬에 두르고 잘라 낸 나머지 반죽을 합쳐 유산지에 올려 3mm 두께로 민다. 골진 페이스트리 자르개로 폭 1cm 안팎으로 자른다. 반죽을 유산지에 붙어 있는 채로 냉동고에 넣어 5분 둔다.

레몬즙과 딸기잼을 섞어 냉장고에 넣어 둔 페이스트리 반죽에 채운다. 냉동고에 넣어 둔 길게 잘라 낸 반죽을 꺼내 잼 위에 격자무늬로 올린다.

삐져나온 격자무늬 반죽을 잘라 내고 끝을 파이 반죽 가장자리에 붙여 손가락으로 눌러 깔끔하게 마무리한 뒤 우유를 약간 바른다. 오븐에 넣어 노릇해질 때까지 30분가량 구워 꺼낸다. 그대로 잠깐 두었다가 식힘망으로 옮겨 완전히 식힌 뒤 가루 설탕을 솔솔 뿌려 낸다.

서양배
초콜릿 파이

CROSTATA DI PERE E CIOCCOLATO

초콜릿과 배는 고전적인 맛의 짝이다. 초콜릿의 맛을 더욱 잘 살리는 페이스트리에 바삭한 소를 채우고 그 위에 배를 얹어 굽는다. 아마레티 쿠키의 아몬드 맛을 좋아하지 않는다면 마카룬처럼 마른 과자류로 대체한다. 휘핑크림이나 아이스크림을 곁들여 먹어도 좋다.

●
8인분
준비: 30분, 냉장 보관 1시간 별도
조리: 40~45분
●

버터 225g, 바를 것 별도
중력분 550g, 두를 것 별도
무가당 코코아 가루 25g
백설탕 120g
달걀 1개
아마레티 쿠키 3~4개, 곱게 부순다(약 ¾컵 분량)
서양배(보스크나 그와 흡사한 종) 800g, 껍질 벗겨 깍둑썬다
가루 설탕, 뿌릴 것

지름 23cm의 얕은 케이크팬에 버터를 바른다. 버터, 밀가루, 코코아 가루, 백설탕, 달걀을 그릇에 담고 섞어 매끈한 반죽을 만든 뒤 서늘한 곳에 둔다.

반죽을 절반보다 조금 더 떼어 밀가루를 가볍게 두른 작업대에서 원형으로 밀어 편 뒤 케이크팬에 두른다. 그 위에 부순 아마레티 쿠키와 서양배를 차례대로 올린다.

남은 반죽 역시 밀가루를 가볍게 두른 작업대 위에서 얇고 둥글게 펴 파이 위에 올리고 가장자리를 잘 눌러 여민다. 케이크팬에 랩을 씌워 냉동고에 넣고 단단해질 때까지 1시간가량 둔다.

오븐을 190℃로 예열한다.

케이크팬에서 랩을 벗겨 내고 오븐에 넣어 40~45분 굽는다.

다 구워진 파이를 오븐에서 꺼내 식힌다. 접시에 옮겨 담고 가루 설탕을 솔솔 뿌려 낸다.

살구 타르트

CROSTATA D'ALBICOCCHE

통조림 살구를 쓰면 사시사철, 심지어 추운 계절에도 타르트를 구워 여름의 맛을 낼 수 있다. 물론 최고 품질의 병 혹은 통조림 살구를 써야 한다. 부드러운 살구 시럽처럼 달콤하고도 걸쭉한 맛은 부슬부슬한 타르트의 바닥과 잘 어울린다. 레이디핑거(사보야르디)는 부스러트린 러스크 4~5개분으로 대체할 수 있고, 아예 다른 맛을 내고 싶다면 향신료 빵(뺑 데스피스) 4쪽을 푸드 프로세서에 갈아 쓴다.

●

6인분
준비: 10분
조리: 20~25분

●

반 가른 살구 또는 병조림 살구(시럽에 재운 제품) 10쪽
밀가루, 두를 것
파이 반죽(숏크러스트 페이스트리, 52쪽 참조) 레시피 ⅔개 분량
레이디핑거(사보야르디) 4개
살구잼 100g

오븐을 180℃로 예열하고 지름 25cm의 가장자리가 주름진 타르트팬(바닥판이 분리되는 것)에 유산지를 두른다.

그 사이 살구를 시럽에서 건져 체에 밭쳐 둔다.

밀가루를 가볍게 두른 작업대 위에서 기본 파이 반죽(숏크러스트 페이스트리)을 둥글고 얇게 밀어 타르트팬에 넉넉하게 두른다. 레이디핑거를 부스러트려 반죽 바닥에 깐다.

살구잼을 팬에 담아 서서히 온도를 올려 데운 뒤 레이디핑거 위에 펴 바르고 살구를 둥근 면이 위를 보도록 가운데부터 원을 그리며 배치한다.

오븐에 팬을 넣어 20~25분 구운 뒤 꺼내 몇 분 두었다가 접시에 옮겨 담는다.

초콜릿과
라즈베리 타르트

CROSTATA AL
CIOCCOLATO E LAMPONI

맛있고 부슬부슬한 페이스트리에 비단처럼 부드러운 초콜릿 무스를 깔고
라즈베리를 올려 장식했다. 두 재료가 완벽한 짝을 이룰 뿐만 아니라
색깔도 극적으로 대비되어 눈으로 먹어도 맛있는 디저트가 된다.
이 타르트는 페이스트리 반죽과 초콜릿 크림 만들기의 두 단계로 이루어져
만들기도 쉽다.

●

6인분
준비: 25분, 냉장 보관 30분 별도
조리: 25분

●

비터스위트(다크) 초콜릿 125g
달걀 2개, 푼다
생크림 75ml
밀가루, 두를 것
파이 반죽(숏크러스트 페이스트리, 52쪽) 레시피 ½개 분량
라즈베리 125g
가루 설탕 80g

길이 25cm의 정사각형 타르트팬에 유산지를 두른다.

초콜릿을 부숴 내열 대접에 담고 물이 끓을락말락하는 팬 위에 올려
계속 저으며 서서히 녹인 뒤 내린다. 달걀과 크림을 더해 조심스레
섞어 준다.

그 사이 밀가루를 가볍게 두른 작업대 위에서 파이 반죽(숏크러스트
페이스트리)을 둥글고 얇게 밀어 타르트팬의 바닥과 가장자리에 두른다.
타르트의 바닥을 포크로 찔러 준다.

오븐을 200℃로 예열한다.

초콜릿 소를 페이스트리 위에 붓고 오븐에 넣어 25분 굽는다.
꺼내 식힌 뒤 라즈베리를 올린다. 가루 설탕을 뿌리고 접시에 담아낸다.

레몬과
프랑지파네 파이

CROSTATA RIPIENA DI CREMA E SPICCHI DI LIMONE

페이스트리, 프랑지파네, 커스터드의 세 가지 재료로 이 파이를 만들 수 있다. 페이스트리 반죽은 밀기 쉽고, 구운 다음 잘 부스러지도록 냉장고에 넣어 하룻밤 둔다. 프랑지파네는 익힌 아몬드 크림으로 케이크나 작은 페이스트리에 쓰는데, 간 아몬드와 버터로 만들어 파이에 넣어 구운 뒤에도 부드러운 질감을 잃지 않는다. 아몬드 대신 헤이즐넛으로도 크림을 만들 수 있다. 레몬은 겉껍질까지 갈아 내 커스터드에 더하므로 표면에 왁스를 입히지 않은 걸 쓴다.

8인분
준비: 30분, 냉장 보관 12시간 별도
조리: 40분

페이스트리:
달걀 2개
백설탕 2작은술
상온에서 녹인 버터 150g, 바를 것 별도
중력분 300g, 두를 것 별도
바닐라 추출액 몇 방울
왁스를 입히지 않은 레몬의 겉껍질 1개분, 간다

프랑지파네:
버터 125g
간 아몬드 125g

달걀 2개
가루 설탕 125g, 뿌릴 것 별도

커스터드:
우유 475ml
왁스를 입히지 않은 레몬 2개
바닐라 깍지 1개
달걀노른자 4개분
백설탕 100g
중력분 3큰술
옥수수 전분 3큰술

페이스트리 반죽을 만든다. 그릇에 달걀을 풀어 백설탕과 버터를 더해 거품기로 휘저어 섞은 뒤 밀가루와 바닐라, 간 레몬 겉껍질을 넣고 섞어 부드러운 반죽을 만든다. 랩을 씌우고 냉장고에 넣어 하룻밤 둔다.

오븐을 200℃로 예열하고 지름 28cm의 둥근 타르트팬에 버터를 바른 뒤 밀가루를 두른다.

프랑지파네를 만든다. 버터와 아몬드를 푸드 프로세서에 넣고 최고 속력으로 간 뒤 달걀을 더한다. 가루 설탕을 더해 섞은 뒤 옮겨 담아 둔다.

커스터드를 만든다. 묵직한 팬에 우유를 담고 레몬 겉껍질을 갈아 넣은 뒤 불에 올려 서서히 온도를 올린다. 바닐라를 더해 휘저은 뒤 둔다. 내열 대접을 끓을락말락하는 물이 담긴 팬 위에 올리고 달걀노른자와 백설탕을 담아 색이 연해지고 부풀어 오를 때까지 거품기로 휘저어

올린다. 계속 휘저으며 밀가루와 옥수수 전분을 체로 내려 더해 섞는다. 바닐라를 넣어 데운 우유를 체로 내린 뒤 가는 줄기를 그리며 내열 대접에 부어 섞는다. 모든 재료를 섞는 동안 계속 젓는다. 5분 더 익힌 뒤 불에서 내려 식힌다.

밀가루를 가볍게 두른 작업대 위에서 페이스트리 반죽을 둥글게 밀어 타르트팬에 두른다. 반죽을 은박지로 덮고 파이 누름돌(또는 말린 콩)을 올린다. 오븐에 넣어 10분 구운 뒤 160℃로 온도를 낮춘다. 타르트팬을 꺼내 은박지와 누름돌을 걷어 낸다.

레몬의 겉껍질을 갈고 과육을 조각조각 썬다. 프랑지파네와 레몬 겉껍질 및 과육을 커스터드에 더한 뒤 타르트 위에 올린다. 오븐에 넣어 25분 굽는다. 타르트가 따뜻할 때 가루 설탕을 솔솔 뿌려 낸다.

키아키에레

CHIACCHIERE

키아키에레(이탈리아어로 '잡담' 또는 '입소문')는 이탈리아 카니발에서 가장 큰 인기를 누리는 디저트이다. 이탈리아 전역에서 사랑받는 부슬부슬한 키아키에레는 북부에서 남부로 내려가면서 이름도 달라져서, 피에몬테에서는 부지에(거짓말), 베네토에서는 크로스톨리, 라치오에서는 프라페라 일컫는다. 그에 맞춰 레시피는 물론 모양이나 재료도 지역마다 다르다. 길게 혹은 나비넥타이처럼 모양을 잡는 경우도 있지만 어쨌든 반죽은 달걀과 밀가루에 버터나 기름을 섞고 화이트 와인에서 마르살라, 그라파에 이르기까지 다양한 리큐어로 맛을 낸다. 조리법도 다양해서 기름을 덜 쓰고 오븐에 굽는 경우도 있지만 소개하는 레시피처럼 튀기기도 한다.

●

6인분
준비: 30분, 휴지 30분 별도
조리: 30분

●

중력분 250g, 두를 것 별도
백설탕 50g
달걀 1개
달걀노른자 1개분
올리브기름 2큰술, 튀김용 별도
화이트 와인 175ml
가루 설탕, 뿌릴 것

밀가루를 체에 내려 그릇에 담고 백설탕을 섞은 뒤 가운데에 우물을 판다. 달걀과 노른자, 올리브기름, 와인을 더해 잘 섞은 뒤 30분 이상 휴지시킨다.

밀가루를 가볍게 두른 작업대 위에서 반죽을 얇게 밀어 편 뒤 주름진 원형 페이스트리 자르개로 길이 10cm 폭 3cm로 자른다. 각각의 반죽으로 매듭을 짓되 너무 세게 당기지 않는다.

얕은 프라이팬에 올리브기름을 충분히 담아 불에 올려 달구고 키아키에레를 더해 살짝 노릇해질 때까지 튀긴다. 구멍 뚫린 국자로 건진 뒤 키친타월에 올려 기름기를 걸어 낸다. 가루 설탕을 솔솔 뿌려 낸다.

주파 잉글레제

ZUPPA INGLESE

이름 탓에 영국 음식 같지만, 이탈리아 디저트이다. 주파 잉글레제는 토스카나에서 비롯되어 이탈리아 전역으로 퍼졌다. 시에나에서는 이 디저트를 '주파 텔라루가'라 불렀다. 1552년, 코지모 드 메디치가 스페인과의 갈등을 해결하기 위해 보낸 코레지오 공작의 이름을 딴 것이다. 공작이 이 디저트를 메디치 가문에 소개했으니, 곧 피렌체에 사는 영국인들에게 사랑받으면서 지금의 이름이 붙었다. 조리법으로 보아 티라미수의 직계 조상일 수도 있으나 재료는 꽤 다르다. 단면이 아름다우니 유리로 된 잔이나 그릇에 담아내는 게 가장 좋다.

●

6인분
준비: 45분, 냉장 보관 1시간 및 휴지 10분 별도

●

페이스트리 커스터드(55쪽 참조) 레시피 1개 분량
코치닐 또는 적색 식용 색소 1큰술
럼 2큰술
제누아즈 스펀지 케이크(53쪽 참조), 썬다

장식:
생크림 100ml
설탕 입힌 다양한 과일
초콜릿칩이나 생베리류

페이스트리 커스터드 250ml를 덜어 둔다. 그릇에 물 1큰술과 코치닐 혹은 적색 식용 색소를 섞는다. 다른 그릇에 럼과 물 1큰술을 섞는다.

1.5L의 유리그릇에 스펀지 케이크를 깔고 물에 탄 코치닐을 끼얹은 뒤 커스터드를 붓는다. 이어 다시 스펀지 케이크를 얹고 럼을 끼얹은 뒤 커스터드를 붓는다. 이 과정을 반복해서 올리되 스펀지 케이크로 마무리한다. 냉장고에 넣어 1시간 둔다.

먹을 때에는 그릇을 냉장고에서 꺼내 상온에 10분 둔다. 그 사이 뿔이 단단하게 올라오도록 크림을 거품기로 휘저어 올린다. 덜어 둔 커스터드를 스펀지 케이크 맨 위에 바른다. 페이스트리 짤주머니에 별 모양 깍지를 달고 생크림을 채워 짜서 윗면을 장식한 뒤 설탕 입힌 과일과 초콜릿칩, 또는 생베리류를 올린다.

시칠리안 카사타

CASSATA SICILIANA

⚘

●

10~12인분
준비: 1시간, 냉장 보관 24시간 별도
조리: 15분

●

소(리코타 치즈 크림):
설탕 입힌 과일 120g, 다진다
흰색 럼 4큰술
리코타 치즈 1kg
가루 설탕 200g
비터스위트(다크) 초콜릿 120g, 다진다

피스타치오 페이스트:
껍데기 깐 피스타치오 50g, 다진다
껍데기 벗긴 아몬드 150g, 다진다
가루 설탕 50g, 뿌릴 것 별도
화이트 럼 2큰술

럼 시럽:
가루 설탕 50g
화이트 럼 50ml

지름 25cm 제누아즈 스펀지 케이크(53쪽 참조)

고명:
살구잼 2큰술
밀어 편 퐁당 450g
또는 가루 설탕 3큰술을 더해 크림화한 리코타 치즈 200g
설탕 입힌 과일, 취향에 따라

카사타는 리큐어를 머금은 스펀지 케이크가 단맛을 불어 넣고 피스타치오와 초콜릿을 더한 리코타 치즈가 켜를 이루는, 고급스러운 디저트이다. 마무리로 마지팬을 한 켜 올리고 설탕 입힌 과일을 통째로 얹는다. 카사타는 원래 부활절의 디저트였지만 요즘은 사시사철 먹을 수 있다. 시칠리아를 점령하던 시절 아랍인들이 전파한 디저트로, 이름의 유래도 '대접'이라는 뜻의 아랍어 콰스앗이다. 1500년대에 시칠리아 전역의 많은 수녀원에서 솜씨 좋은 페이스트리 셰프이기도 한 수녀들이 레시피를 다듬어 오늘날의 형식을 갖추었다. 체로 내린 리코타 치즈를 전동 믹서로 2~3분 휘저으면 크림이 부드럽고 비단처럼 매끄러워진다.

소를 준비한다. 설탕 입힌 과일을 그릇에 담고 럼을 부어 20분 불린다. 그 사이 리코타 치즈와 가루 설탕을 다른 그릇에 담아 매끄러워질 때까지 거품기로 휘저어 섞는다. 설탕 입힌 과일을 건져 초콜릿과 함께 리코타 치즈에 더해 섞는다. 랩을 씌워 12시간 냉장 보관한다.

피스타치오 페이스트를 준비한다. 피스타치오와 아몬드, 가루 설탕, 럼을 블렌더에 넣고 페이스트가 될 때까지 간다.

럼 시럽을 준비한다. 팬에 물 200ml를 붓고 가루 설탕을 넣은 뒤 불에 올린다. 가루 설탕이 완전히 녹을 때까지 계속 저으며 끓인다. 끓어오르면 젓지 않고 몇 분 끓인 뒤 불에서 내린다. 식으면 럼을 넣어 섞는다.

지름 25cm의 스프링폼팬에 물을 적시고 랩을 두른다. 스펀지 케이크를 3장으로 나눠 1장을 팬의 바닥에 깐다. 럼 시럽의 ⅓을 끼얹고 리코타 치즈 크림 절반을 펴 바른 뒤 스펀지 케이크를 1장 덮는다. 럼 시럽의 ⅓과 남은 리코타 치즈 크림으로 같은 과정을 되풀이한 뒤 케이크를 덮어 마무리한다. 팬에 랩을 씌워 냉장고에 넣어 12시간 둔다.

카사타를 냉장고에서 꺼내 랩을 벗겨 버리고 뒤집어 접시에 담는다. 살구잼에 물 1큰술을 더해 데운 뒤 솔로 카사타 전체에 바른다. 퐁당을 씌우거나 단맛이 가미된 리코타 치즈를 바른다.

피스타치오 페이스트를 작업대에 얇게 민 뒤 가루 설탕을 솔솔 뿌리고 다이아몬드 모양 틀로 찍어 낸다. 물을 약간 발라 케이크의 옆면에 고르게 붙인다. 설탕 입힌 과일로 윗면을 장식하고 낼 때까지 냉장 보관한다.

티라미수

TIRAMISÙ

티라미수는 궁극의 이탈리아 디저트이자 명작이다. 마스카르포네 치즈, 달걀, 레이디핑거(사보야르디) 쿠키, 커피의 네 가지 재료만으로 간단히 만들 수 있으며 아주 맛있다. 티라미수('깨워 달라' 또는 '기운을 북돋워 달라')는 마스카르포네 크림과 커피에 적신 과자를 번갈아 올려 만든 뒤 차게 낸다. 베네토가 고향인 이 티라미수 레시피는 비교적 최근 것이며 1960년대 이전에는 요리책에 실리지 않았다. 리큐어로 맛을 내는 등 다채롭게 변주할 수 있지만 여기에 소개하는 것이 전통 레시피이다.

6인분
준비시간: 30분, 냉장 보관 3시간 별도

달걀흰자 2개분
달걀노른자 4개분
가루 설탕 150g
마스카르포네 치즈 400g
레이디핑거(사보야르디) 18개
갓 내린 아주 진한 커피 175ml, 식힌다
세미스위트(다크) 초콜릿 200g, 간다
무가당 코코아 가루 또는 간 초콜릿, 뿌릴 것

기름기 없는 그릇에 달걀흰자를 담아 단단한 뿔이 올라올 때까지 거품기로 휘저어 올린다. 다른 그릇에 달걀노른자를 가루 설탕과 함께 담아 색이 연해지고 부풀어 오를 때까지 거품기로 휘저어 올린다. 노른자에 마스카르포네 치즈와 달걀흰자를 차례로 더해 살포시 포개어 섞는다.

1.5L의 그릇 바닥에 레이디핑거를 깔고 커피를 고루 바른 뒤 마스카르포네 크림으로 덮고 초콜릿을 약간 흩뿌린다. 재료를 다 쓸 때까지 같은 순서로 되풀이하며 쌓되 마스카르포네 크림으로 마무리한다. 코코아 가루나 갈아 낸 초콜릿을 솔솔 뿌려 마무리한 뒤 냉장고에 넣어 3시간가량 둔다.

속을 채워 구운 복숭아

PESCHE RIPIENE

피에몬테에서 복숭아가 가장 맛있는 8월 중순의 공휴일인 페라고스토에 먹는 디저트 레시피를 소개한다. 아주 잘 익은 황도를 써야 씨를 바르고 과육을 퍼내기가 쉽다. 거품기로 휘저어 올린 크림이나 크렘 프레슈를 곁들여 따뜻하게도, 차게도 낼 수 있다. 코코아 가루를 쓰지 않고 만들어도 맛있다.

●

4인분
준비: 35분
조리: 1시간

●

무염 버터 25g, 바를 것 별도
황도 5개
백설탕 50g
아마레티 쿠키 4개, 부순다
달걀노른자 2개분
무가당 코코아 가루 25g

오븐을 160℃로 예열하고 가로 25cm 세로 35cm의 오븐 사용이 가능한 그릇에 버터를 바른다.

복숭아 1개의 껍질을 벗기고 씨를 바른 뒤 과육을 다져 그릇에 담는다. 나머지는 반을 갈라 씨를 발라내고 주변의 과육을 약간 발라 이미 다진 복숭아에 더한다. 과육에 설탕, 아마레티, 달걀노른자, 코코아 가루를 섞는다.

반 가른 복숭아의 빈 공간에 반구 모양으로 솟아오르도록 채운다. 각각에 버터를 올리고 버터를 바른 그릇에 담아 오븐에 넣어 1시간 굽는다. 뜨겁거나 따뜻하게 낸다.

숲의 과일
아이스크림

GELATO AI FRUTTI
DI BOSCO

과일은 다른 재료보다 수분이 많으므로 아이스크림이나 소르베를 만든다면 얼음 결정이 생기는 걸 막기 위해 더 오래 저어야 한다. 베리류가 가장 좋은 재료이지만 취향에 따라 어떤 과일이든 써도 좋다. 다만 차갑게 먹어 과일 고유의 맛을 덜 느낄 수 있으니 반드시 아주 맛있고 잘 익은 것으로 만든다. 다른 아이스크림이나 조리 요령은 60~63쪽과 350쪽의 레시피를 참조한다.

●

4~6인분
준비: 10분, 냉장 보관 4시간과 저으며 얼리기 30분
그리고 냉동 보관 3시간 별도

●

딸기, 블랙베리, 라즈베리, 블루베리 등 다양한 베리 400g
레몬즙 ½개분, 거른다
백설탕 200g
생크림 250ml

다양한 베리, 레몬즙, 설탕, 크림을 블렌더에 담고 2분 동안 돌려 퓌레를 만든다. 냉장고에 넣어 4시간 둔다.

간 베리를 아이스크림 제조기에 넣고 제조업체의 조리법에 따라, 또는 30분가량 저으며 얼린다.

아이스크림을 틀에 담아 냉동고에 넣어 단단해질 때까지 3시간 둔다.

아이스크림을 떠 그릇에 담아낸다.

야생 딸기와
레몬 아이스크림

GELATO ALLE
FRAGOLINE E LIMONE

🌿 🌱

상상력과 창조력을 발휘해 찾아낸 새로운 맛의 조합으로 아이스크림을
만들어 보자. 레몬과 딸기, 그리고 초콜릿과 생크림처럼 고전적인
조합도 있지만 생각나는 대로 자유롭게 실험해 봐도 좋다. 야생 딸기는
아이스크림에 더 강렬한 맛을 불어 넣지만 없다면 보통 딸기로
대체할 수 있다. 와플콘을 사서 아이스크림을 올려 먹을 수도 있고
유리잔에 담아도 좋다.

●

10~12인분
준비: 20분, 냉장 보관 4시간과 저으며 얼리기 30분
그리고 냉동 보관 3시간 별도
조리: 5분

●

야생 딸기 아이스크림:
야생 딸기 400g, 꼭지 도려 낸다
가벼운 화이트 와인 1큰술
우유 300ml
왁스를 입히지 않은 레몬 1개
바닐라빈 깍지 1개
달걀 2개
백설탕 250g
생크림 200ml

레몬 아이스크림:
왁스를 입히지 않은 레몬의 즙 6개분
백설탕 250g
우유 350ml
생크림 350ml

야생 딸기 아이스크림 베이스를 만든다. 야생 딸기를 화이트 와인으로
씻는다. 묵직한 팬에 우유를 담고 레몬 겉껍질 1줄과 바닐라빈을 더해
약불에 올려 온도를 올린다. 끓기 시작하면 바로 불에서 내려 식힌 뒤
체로 내려 그릇에 담는다.

달걀에 설탕을 더해 색이 연해지고 거품이 일 때까지 거품기로 휘저어
올린다. 야생 딸기를 잘 섞은 뒤 크림과 체로 내린 우유를 더해 섞는다.
냉장고에 넣어 4시간 둔다.

레몬 아이스크림 베이스를 만든다. 레몬즙에 설탕을 더해 블렌더에 넣고
돌린다. 우유와 크림을 더해 몇 초 더 돌려 섞어 준다. 냉장고에 넣어
4시간 둔다.

야생 딸기 아이스크림 베이스를 아이스크림 제조기에 붓고 15분 저으며
얼린다. 레몬 아이스크림 베이스를 더하고 15분 더 돌린다.

찬물에 씻은 틀에 아이스크림을 담아 냉동고에 넣고 단단해질 때까지
3시간 얼린다.

크림과
초콜릿 세미프레도

SEMIFREDDO DI CREMA
DI CIOCCOLATO

세미프레도는 프랑스의 영향을 받은 이탈리아 디저트로 아이스크림보다 무스에 더 가깝다. 달걀, 설탕, 휘핑크림으로 베이스를 만들고 과일이나 리큐어, 향신료 등을 넣어 맛을 낸다. 세미프레도를 얼릴 때에는 나중에 꺼내기 쉽도록 틀에 랩이나 은박지를 미리 두른다. 아니면 내기 직전에 틀의 바닥을 끓는 물에 몇 초 담갔다가 세미프레도와 닿는 틀의 언저리를 작은 칼로 살짝 둘러 준 뒤 접시에 뒤집으면 쏙 빠진다. 이때 칼날을 끓는 물에 담갔다가 쓰면 세미프레도를 깔끔하게 썰 수 있다.

●

6~8인분
준비: 20분, 냉장 보관 40분과 냉동 보관 12시간 별도
조리: 20분

●

우유 250ml
달걀노른자 3개분
백설탕 100g
중력분 15g
무가당 코코아 가루 30g
생크림 500ml
바닐라 설탕 1큰술

가로 20cm 세로 10cm 틀의 바닥과 벽 전체를 덮고 바깥으로 넉넉히 삐져나올 정도로 랩을 두른다. 우유를 2~3큰술 남기고 나머지를 팬에 넣어 불에 올린 뒤 보글보글 끓을 때까지 온도를 올린다.

다른 팬을 불에 올리고 달걀노른자와 백설탕을 넣은 뒤 거품기로 휘저어 올린다. 계속 저으며 밀가루와 뜨거운 우유를 차례대로 더해 4분가량 보글보글 끓여 우유 베이스를 만든다.

우유 베이스를 그릇에 담고 표면에 막이 생기지 않도록 종종 저으며 식힌다. 다 식으면 절반을 팬에 담아 불에 올리고 코코아 가루와 남겨둔 우유를 더한 뒤 3~4분 더 끓여 코코아 베이스를 만든다. 팬을 불에서 내려 식힌 뒤 우유 베이스와 함께 냉장고에 넣는다.(뜨거운 커스터드의 표면에 막이 생기지 않도록 랩을 밀착하여 덮어 둔다.)

생크림에 바닐라 설탕을 더해 믹서로 휘저어 올린 뒤 반으로 나눠 각각의 베이스에 더한다. 코코아 베이스의 절반을 틀에 붓고 우유 베이스를 다 부은 다음 남은 코코아 베이스를 부어 마무리한다. 랩으로 덮어 단단해질 때까지 12시간가량 냉동고에 넣어 얼린다.

복숭아 셔벗
(소르베)

SORBETTO
ALLA PESCA

❀ ❁ ❦ 🗄 🍲

고대 로마에서 즐겨 먹었던 셔벗(소르베)은 과일 아이스크림의 선조이다. 설탕 시럽을 과일의 즙이나 과육과 섞은 뒤 와인이나 리큐어로 향을 더해 베이스를 만든다. 전통적으로 셔벗은 소화를 돕고 이전까지 먹은 음식 맛의 강한 여운을 덜어 내기 위해 코스 사이에 낸다. 하지만 요즘은 아이스크림 대신 식사의 끝에 등장한다. 레몬 셔벗(소르베, 59쪽 참조)이 고전이지만 딸기와 프로세코 또는 샴페인과 어울리는 레시피를 소개한다. 물론 다른 과일을 쓰고 와인을 빼는 등 나만의 맛을 낼 수 있음도 잊지 말자.

●

4~6인분
준비: 15분, 냉장 보관 3시간과 저으며 얼리기 30분
그리고 냉동 보관 2~3시간 별도
조리: 15분

●

프로세코 또는 샴페인 250ml
왁스를 입히지 않은 레몬 1개, 겉껍질을 간다
백설탕 600g
복숭아 5~6개(약 800g), 껍질 벗기고 씨를 발라낸다
작은 민트 잎, 장식용(선택 사항)

팬에 프로세코나 샴페인, 물 750ml, 간 레몬 겉껍질, 설탕을 담아 약불에 올리고 설탕이 다 녹을 때까지 가끔 저으며 3~4분 데운다. 팬을 불에서 내려 식히면 시럽이 된다.

복숭아를 끓는 물에 몇 초 담갔다가 건져 식힌 뒤 껍질을 벗긴다.

껍질을 벗긴 복숭아를 블렌더나 푸드 프로세서에 갈아 퓌레로 만든다.

퓌레에 시럽을 더하고 잘 섞은 뒤 냉장고에 넣어 3시간 둔다.

퓌레를 꺼내 아이스크림 제조기에 담아 제조업체의 조리법에 따라, 혹은 30분 돌려 셔벗을 만든다. 가로 20cm 세로 10cm의 제과제빵팬을 찬물로 헹군 뒤 셔벗을 담아 냉동고에 넣어 단단해질 때까지 2~3시간 둔다.

작은 유리잔이나 접시에 담고 민트 잎을 올려 장식해 낸다.

찾아보기
레시피 노트

찾아보기

레시피 노트

구체적으로 언급하지 않을 경우 모든 재료는 다음의 원칙을 따라 준비한다.

버터는 언제나 무염 제품을 쓴다.

후추는 언제나 갓 갈아 낸 것을 쓴다.

모든 허브는 날것을 쓰며, 특히 파슬리는 잎이 납작한 이탈리안을 쓴다.

채소와 과일은 중간 크기의 것을, 달걀은 대란(56g 안팎)을 쓴다.

우유는 언제나 지방을 걷어 내지 않은 제품을 쓴다.

마늘은 큰 것을 쓰는데, 작은 것밖에 없다면 2쪽을 쓴다.

햄은 '익힌 햄'을 가리킨다.

프로슈토는 북부 이탈리아의 파르마 또는 산 다니엘레에서 염장 건조해 만든 생 햄을 가리킨다.

설탕은 따로 명시된 것이 아니면 항상 백설탕을 사용한다.

오븐마다 여건이 다르므로 준비 및 조리 시간은 참고만 한다. 대류식 오븐을 쓴다면 제조업체의 지침에 맞춰 온도를 조정한다.

튀김 기름이 잘 달궈졌는지 확인하려면 묵은 빵 1쪽을 넣어 본다. 30초 안에 노릇해진다면 대부분의 기름이 튀김에 적합한 180~190℃로 달궈진 상태이다. 고온 또는 열원에 직접 노출되는 등의 위험할 수 있는 과정이 담긴 레시피를 따라 조리할 때는 각별히 주의한다. 튀김도 위험한 조리이므로 긴팔 옷을 입고 조리하며 기름이 튀지 않도록 재료를 천천히 떨어트리고 조리 과정을 계속 지켜본다.

몇몇 레시피에는 날것, 또는 아주 살짝 익힌 달걀을 쓴다. 노인이나 어린이, 임산부, 요양자 등 면역 체계가 약한 사람이 먹지 않도록 주의한다.

계량스푼을 쓸 경우 재료를 담아 윗면을 평평하게 고른다. 1작은술=5ml, 1큰술=15ml

기름, 소금, 요리를 마무리하는 허브 같은 재료의 양이 표기되지 않았다면 재량껏 편하게 쓴다.

안초비는 다음과 같은 방법으로 손질한다. 대가리를 엄지와 검지로 눌러 잡은 뒤 당겨 뽑고 대가리 주변을 손가락으로 훑어 등뼈를 뽑는다. 그릇에 담고 잠기도록 물을 붓고 10분 동안 두어 소금기를 제거한다.

조개는 다음과 같은 방법으로 손질한다. 흐르는 찬물에 조개를 씻은 뒤 소금물이 담긴 그릇에 넣고 2시간 둔다. 바닥에 모래가 깔렸다면 물을 갈아 주며 깨끗해질 때까지 해감을 되풀이한다. 마지막으로 각각의 조개를 흐르는 물에 씻은 뒤 나무 도마에 대고 두드리면 남은 모래를 뱉어 낼 것이다.

바닐라 설탕은 다음과 같은 방법으로 만든다. 바닐라빈 깍지를 유리병에 담고 설탕으로 채운 뒤 밀봉해 서늘한 곳에 둔다. 설탕이 바닐라의 자연스러우며 섬세한 향을 흡수할 것이다. 대체로 향이 강한 시판 제품을 사서 쓸 수도 있지만 직접 만들면 비용을 절약할 수 있다.

유리병은 다음과 같은 방법으로 살균한다. 오븐을 130℃로 예열한다. 유리병과 뚜껑을 뜨거운 비눗물로 씻은 뒤 제과제빵팬에 담아 오븐에 넣어 물기를 완전히 말린 뒤 꺼내 뜨거울 때 내용물을 채운다. 깨질 수 있으니 뜨거운 유리병에 차가운 음식을 채우지 않는다.

옮긴이 이용재

음식 평론가. 한양대학교 건축학과와 미국 조지아공과대학 건축 대학원을 졸업했다.
현재《조선일보》와《한국일보》에 격주 칼럼을 연재 중이다.

『한식의 품격』, 『외식의 품격』을 비롯해 『미식 대담』, 『냉면의 품격』을 썼으며
『실버 스푼』, 『아이와 함께하는 실버 스푼』, 『탁탁탁 지글지글 짠!』, 『패밀리 밀』,
『철학이 있는 식탁』, 『식탁의 기쁨』, 『뉴욕의 맛 모모푸쿠』 등을 옮겼다.

실버 스푼 클래식

1판 1쇄 찍음 2020년 7월 1일
1판 1쇄 펴냄 2020년 7월 15일

옮긴이 이용재

편집 김수연 김지향
교정교열 윤혜민
디자인 김낙훈 한나은 이미화
마케팅 정대용 허진호 김채훈 홍수현 이지원
홍보 이시윤
저작권 남유선 김다정 송지영
제작 박성래 임지헌 김한수 이인선
관리 박경희 김하림 김지현

펴낸이 박상준
펴낸곳 세미콜론
출판등록 1997. 3. 24(제16-1444호)

06027 서울특별시 강남구 도산대로1길 62
대표전화 515-2000 팩시밀리 515-2007
편집부 517-4263 팩시밀리 514-2329

한국어판 © (주)사이언스북스, 2020.
Printed in China.

ISBN 979-11-90403-62-7 13590
값 55,000원

세미콜론은 민음사 출판그룹의
만화·예술·라이프스타일 브랜드입니다.
www.semicolon.co.kr

트위터 semicolon_books
인스타그램 semicolon.books
페이스북 SemicolonBooks
유튜브 세미콜론TV

Original title: The Silver Spoon Classic

© 2019 Phaidon Press Limited.

This Edition published by ScienceBooks Publishing Co. Ltd
under licence from
Phaidon Press Limited, of Regent's Wharf, All Saints Street,
London, N1 9PA, UK.
© 2020 Phaidon Press Limited.